Um cientista no telhado

Rafael Linden

Copyright © 2021 Rafael Linden

Todos os direitos reservados.

ISBN:

Sumário

Mulher fatal e criativa
Realidade aumentada
A dimensão da fantasia
Como explicar a Lua
Tornados e estatísticas
Terra à vista
Fora daqui!
O supervulcão é a solução
Planetas gasosos na capital federal
Estão roubando outro planeta
Como explicar o medo
Como ficar bem na foto
Lembra?
O sorriso da Tara
Canção que provoca arrepio...ou não
Os Eus e as futuras gerações
Aves do paraíso
O espalhamento da desordem
Cobra voadora e outros bichos
Deslizador de canalhas
Como explicar as avós
Pa-ra-le-le-pí-pe-do
Como explicar a lágrima
Camundongos cantores
Caca de dinossauro
Ora, pipocas
Baratas, me deixem ver suas patas!
O bistrô dos arqueólogos
As cores do Imperador
Liberdade é uma calça velha
Vampiros contemporâneos
Sempre haverá uma Inglaterra
Mistérios da Gioconda
Múmia paralítica
O advento da desextinção
Uma calcinha
Zoilos! Tremei!
Nicolau e o umbigo
Vozes de outrora
Umberto e o erro

Prólogo

As 40 crônicas deste livro foram selecionadas entre 188 textos expostos originalmente no blog "Um cientista no Telhado", que publiquei de abril de 2012 a agosto de 2018 e recebeu cerca de 700.000 visitas.

O objetivo declarado no cabeçalho da página *online* era oferecer "crônicas com humor e divulgação científica e, ocasionalmente, contos". No entanto, para mim o exercício de combinar a profundidade da Ciência com a leveza do Humor também tinha caráter terapêutico, para relaxar das exigências da atividade profissional em tempo integral e dedicação exclusiva, como Docente e Neurocientista do Instituto de Biofísica Carlos Chagas Filho da UFRJ.

Devo muito ao estímulo oriundo de palestras e cursos de curta duração que frequentei na Estação das Letras, hoje Instituto (IEL), criada e dirigida pela poeta e professora Suzana Vargas, por coincidência egressa da Faculdade de Letras da UFRJ. Suzana é incansável incentivadora de novos escritores – de qualquer idade... Na Estação ouvi expoentes da Literatura Brasileira e, em alguns cursos, desfrutei de crítica dirigida a meu próprio texto. Tal privilégio, assim ensino a meus alunos, é imperdível no mundo das publicações, científicas ou não. Com sorte terei absorvido alguma coisa e, por isso mesmo, estou pronto a ouvir a crítica de quem quer que leia estas crônicas.

O título do livro foi inspirado na abertura da peça "Um violinista no telhado", em que o protagonista do musical refere-se a uma pintura famosa de Marc Chagall, datada de 1912, e comenta: -Pode-se dizer que cada um de nós é um violinista no telhado, tentando executar uma simples melodia sem quebrar o pescoço...

Quem dera Ciência e Humor fossem "simples melodias", ainda mais combinadas! Mas não custa tentar: todos os textos foram atualizados e revisados para oferece-los a um público amplo.

Rafael Linden
Rio de Janeiro, 6 de outubro de 2021

Mulher fatal e criativa

Um dos ícones do cinema da década de 1940 foi Hedy Lamarr. Embora, com todo o respeito, reconhecendo e apreciando os encantos sedutores da gentil leitora que tanto nos honra com sua leitura, convenhamos que Hedy era um baita pedaço de mau caminho.

Nasceu Hedwig Eva Maria Kiesler, em 1914 na Austria, no dia de Santo Orestes da Capadócia. E só adotou o famoso nome artístico depois de emigrar para os EUA em 1937, para escapar do nazismo em ascensão e de um marido controlador que, como se não bastasse, flertava com as doutrinas nacional-socialistas.

A jovem Hedwig foi símbolo sexual muito antes de Marilyn, Brigitte ou Angelina. Aos vinte anos de idade estrelou um filme chamado *Ekstase*, dirigido pelo cineasta tcheco Gustav Machatý. Na película a moça apareceu nua, correndo num bosque e simulando um orgasmo à beira de um lago. Pornochanchada brasileira dos anos setenta perde de goleada para os intrépidos cineastas europeus que, quarenta anos antes, já faziam misérias. Aliás, conta-se que a Alemanha Hitlerista só proibiu a exibição do filme porque a atriz era judia, enquanto nos Estados Unidos foi vetado por ser erótico.

Na América o maior sucesso da beldade, que já era Hedy, foi o papel de Dalila no épico dirigido por Cecil B. DeMille em 1949. Ela contracenou com Vitor Mature - o Sansão, é claro. Nesse filme Hedy usou e abusou do charme e do veneno da mulher austríaca e entrou para o rol das *femmes fatales* do cinema.

E de que serve a verborragia desperdiçada com essa senhora, que morreu em 2000, se aqui mesmo o cinema brasileiro não carece de mulher fatal correndo pelada, fazendo estripulias dentro e fora d'água e simulando prazeres coloridos e acrobáticos? É que, não bastasse atriz e símbolo sexual, a moçoila também foi...inventora. Não, madame, não me refiro às historietas que ela possa ter contado para enganar os seis trouxas com quem casou – um de cada vez. Nem à explicação para, já na década de 1960, ser detida por furto de laxantes e colírios em uma farmácia na Flórida. Hedy Lamarr foi inventora mesmo, com patente e tudo.

Pois não é que a moça, em plena segunda guerra mundial, bolou um sistema seguro de controle de torpedos, baseado em mudanças frequentes do canal de comunicação entre o aparelho emissor e o receptor, com o emprego de um rolo de papel perfurado semelhante às partituras das pianolas mecânicas? Conta-se que ela teve esta idéia ao brincar de repetir melodias em escalas variadas junto com o compositor francês George Antheil, autor da trilha sonora do filme *Ballet mécanique* produzido em 1923 por Fernand Léger, um dos expoentes do cubismo e do dadaísmo. A brincadeira teria inspirado a idéia das trocas de frequência dos sinais porque, reza a lenda, o tal marido controlador de quem ela fugiu na década de 1930 era fabricante de armas e, de conversa em conversa na mesa do jantar, Hedy teria percebido a facilidade de bloquear sinais para o lançamento de mísseis emitidos em uma única frequência.

A idéia foi patenteada em 1942, mas só vinte anos depois resultou na produção dos chamados equipamentos multicanal. E, assim mesmo, o feito tecnológico passou quase despercebido porque a estrela tinha usado seu nome de batismo no documento da invenção. Até que, apenas três anos antes de morrer, Hedy Lamarr recebeu um prêmio da *Electronic Frontier Foundation*, uma entidade de direitos civis que, entre outras missões, combate abusos de patentes. Para se ter uma idéia da importância da invenção, é uma das que serviu de base para o desenvolvimento da telefonia celular e da comunicação *wi-fi*.

Taí, atriz famosa e inventora de uma tecnologia importante. Nada mau para uma guria que começou a carreira pelada no bosque. Portanto, da próxima vez que o prezado leitor se deparar com uma rapariga vestida como veio ao mundo, na tela do cinema, pense que pode se tratar da criadora da suprema tecnologia do futuro, seja ela qual for. Quem sabe um decodificador de ondas cerebrais desencontradas acoplado a um banco de dados históricos que permita descobrir a ligação cósmica entre Hedy Lamarr e Santo Orestes da Capadócia.

Realidade aumentada

Há algum tempo o jornalista Will Oremus publicou, na revista eletrônica *Slate*, um comentário sobre engenhocas para realidade aumentada. Esse é o nome que se dá aos sistemas que combinam a observação de pessoas, objetos e cenários do mundo real com a visualização simultânea de informações virtuais. Estas podem incluir textos, gráficos, desenhos animados - como no filme "Uma cilada para Roger Rabbit" - ou seres fictícios de diversas formas e cores – como em "Avatar".

O reporter abordou a competição pela primazia no desenvolvimento de aparelhinhos de realidade aumentada para uso pessoal. Foi motivado por uma patente de uma grande empresa, referente à versão avançada de um par de óculos equipado com vários micro-equipamentos. Esses permitem ao usuário somar, à cena natural que ele vê, uma porção de informações transmitidas aos óculos a partir de computadores conectados através da chamada "nuvem". A idéia não é original, é claro, mas as patentes nesta área representam o esforço contínuo das empresas de alta tecnologia para criar sistemas cada vez mais portáteis e confortáveis para comercialização em massa.

E daí, pergunta o leitor desinformado de que, volta e meia, dedicamo-nos a misturar alhos com bugalhos e ainda lhes apreciamos o tempero. Daí que este assunto serve de pretexto para celebrar um evento histórico, que foi o primeiro filme da série "Robocop". Trata-se de um filme de ação - leia-se violência explícita -, cheio de tiroteios, objetos e criaturas arremessados por explosões ou pela força descomunal do próprio protagonista, muito fogo, litros de sangue e, dizem, até um roteiro. No filme, um policial assassinado é reconstruído e ressuscita na forma de um *cyborg*, isto é, um ser humano equipado com partes mecânicas e eletrônicas para substituir órgãos naturais. E é dotado, entre outras coisas, de visão robótica que confere realidade aumentada e adiciona às cenas do mundo real informações como a velocidade de deslocamento dos bandidos numa perseguição, ou instruções do tipo "proteja os inocentes".

O filme original, pra lá de premonitório, é de 1987 e foi recebido com boas críticas. Foi um grande sucesso e motivou mais dois, bem como duas séries de televisão e outras sequelas. Eu, particularmente, não sou grande fã da franquia - não vi nenhum dos filmes, só trechos pela televisão -, mas adoro as imagens da visão robótica do Robocop original, com as mensagens em letrinhas verdes no visor da criatura, como eram os monitores monocromáticos dos computadores antigos. Sim, garoto, houve um tempo em que computadores ficavam em cima de mesas e tinham monitores pesadíssimos, com telas pequenas que mostravam apenas letrinhas verdes em fundo preto.

Os prezados leitores já estão a pensar que o cronista escorregou para a nostalgia. Porém, para evitar a impressão errônea de que este vosso criado não aprecia devidamente o progresso tecnológico, apresso-me em manifestar meu entusiástico apoio aos esforços pela popularização dos óculos de realidade aumentada.

Espero sinceramente que, em breve, sejam vendidos no supermercado mais próximo por um precinho camarada.

Entretanto, não se deve ignorar as previsíveis consequências da vulgarização desta tecnologia. Por exemplo, digamos que um cidadão mal-intencionado compre um par destes óculos na volta da excursão à Disneylândia e, ainda no saguão do aeroporto, use a engenhoca para olhar, cobiçosamente, para a mulher do próximo. A esperança do malandro é de que os óculos mostrem instantaneamente os dados biométricos e o número do telefone celular da voluptuosa e sorridente senhora. Ao mesmo tempo, porém, detectam no sujeito o arregalar dos olhos, a dilatação da pupila, medem a condutividade de sua pele e, ato contínuo, apresentam-lhe a mensagem "pare de pensar besteira, safado!", enquanto os óculos do próximo apitam "presta atenção, corno!". Os Robocops do aeroporto são alertados pela mensagem de texto "alerta, previsão de crime passional no saguão sul, separem a briga e protejam os inocentes", em letrinhas verdes nos seus indefectíveis óculos escuros. E, para evitar a acusação de machismo, queiram imaginar simultaneamente a mesma cena com os gêneros dos personagens devidamente trocados.

Ou seja, mantenham-se informados sobre o desenrolar de mais esta corrida tecno-comercial mas, desde já, preparem-se para usar as engenhocas com moderação.

A dimensão da fantasia

Na década de 1960 foi muito popular um seriado chamado "Além da imaginação" que, no Brasil, era transmitido pela extinta TV Rio. Os episódios eram em preto e branco e começavam com um filmete levemente psicodélico narrado por um locutor em *off*, que dizia:

- *Há uma quinta dimensão além daquelas conhecidas pelo homem. É uma dimensão tão vasta quanto o espaço. E tão desprovida de tempo quanto o infinito. É um espaço intermediário entre a luz e a sombra. Entre a ciência e a superstição. E se encontra entre o abismo dos temores do homem e o cume dos seus conhecimentos. É a dimensão da fantasia. Uma região...além da imaginação...*

O apresentador dizia isso com um tom macabro, para antecipar a mistura de ficção científica, suspense e terror que marcava os episódios. No entanto, a salada de acontecimentos inexplicáveis e fenômenos sobrenaturais era recheada de metáforas e oferecia ao espectador o que, na televisão da época, constituía uma oportunidade única de mergulhar na pura fantasia. Ao mesmo tempo o público era envolvido por questões morais e filosóficas embutidas no redemoinho criativo dos roteiristas. Aliás, este seriado foi votado, pela Associação de Roteiristas dos EUA, em terceiro lugar entre as 101 séries de televisão mais bem escritas da TV norte-americana.

Desta história, o que nos interessa mesmo é a tal da dimensão da fantasia. Hoje a variedade de seriados fantásticos é imensa. Há de tudo: viagens interplanetárias, vampiros, paranormais, caçadores de fantasmas, bruxas, zumbis, forças sobrenaturais, contos de fadas sombrios. No entanto, apesar desta ampla oferta de entretenimento, a todos falta um ingrediente essencial: a originalidade do criador de "Além da imaginação", o roteirista Rod Serling. Quando, em 1959, ele conseguiu que o programa entrasse na grade de programação da emissora norte-americana CBS, só havia ficção científica no rádio. "Além da imaginação" foi o primeiro seriado regular de ficção científica com imagens.

O que será do gênero no futuro? Talvez o próximo passo realmente original tenha de esperar as aplicações da chamada informação quântica. Esta é um ramo fascinante da Física que, entre outras coisas, produz demonstrações do teletransporte de informação entre partículas subatômicas mantidas num estado chamado de emaranhado quântico. E isso sem transferência de matéria ou de energia e independentemente da distância. É meio complicado mesmo, mas a questão aqui é se essa coisa vai se tornar rotina ou, pelo menos, suficientemente banal para caber no orçamento de uma das mídias que substituirão a televisão no futuro.

Então, já que aqui no telhado não prestamos contas a ninguém, imaginemos uma espécie de "televisão quântica", em que os personagens sejam projetados por holografia ou esculpidos em impressoras tridimensionais acopladas ao televisor, diretamente do estúdio para a casa do telespectador. Bacana, né? Mas cuidado porque, de vez em quando, um desavisado poderá se tornar vítima da sanha assassina de um zumbi ou da sede de sangue de um vampiro. Pensando bem, a dimensão da fantasia já foi tão esticada e a tecnologia tem evoluído tão depressa, que não sobrou quase nada além da imaginação.

Como explicar a Lua

Dentre tantas perguntas que desafiam o engenho e a arte dos cientistas há a questão do surgimento da Lua. Não do seu nascimento diário no horizonte ao por do sol, cuja explicação se aprende na escola, mas de como ela surgiu em algum momento da longa história do Universo. Admito que dificilmente um casal de namorados perguntaria tal coisa durante um passeio ao luar. É pena, porque a resposta é mais poética do que se pensa.

As hipóteses elaboradas pelos astrofísicos envolvem choques de corpos celestes, explosões, evaporação de pedaços de planetas e outros cataclismos. Há várias teorias combinando tais eventos e quem sou eu para escolher uma. Mas aqui, com a liberdade que o telhado me dá, permito-me divagar sobre notícias recentes desta saga.

A história, que foi publicada no prestigioso periódico científico *Nature* e traduzida para leigos na revista eletrônica do *Smithsonian Institute* e em muitos jornais, dá conta da descoberta de novos indícios de que a Lua foi formada pela condensação de material evaporado da Terra quando, há quatro bilhões e meio de anos, nosso planeta se chocou violentamente com um asteróide do tamanho de Marte. Peraí, gente, recolham suas malas e acalmem-se. Os marcianos não chegaram – ainda. Não foi o próprio planeta vermelho, mas um planetóide desgovernado do tamanho dele. E vejam como há poesia mesmo nas empedernidas cabeças de cientistas que vivem no mundo da Lua. Deram ao tal asteróide o nome de

Theia que, na mitologia grega, é a mãe de Selene, a deusa lunar. Lindo, não?

Para quem resistiu à tentação de mergulhar num dos empoeirados volumes da Enciclopédia Britânica, no livro de Mitologia Grega que fica no alto da estante ou na Wikipedia, aí vai a sinopse: o mito reza que Theia e Hyperion eram um casal de titãs, ambos filhos de Gaia (a Terra) com Urano. Theia teve, com o próprio irmão, três filhos que se tornaram, pela ordem, os deuses do Sol, da Madrugada e da Lua, esta última chamada Selene ou, na versão romana, Luna.

Já ouço, ao longe, um provocador a estragar a placidez com que escrevo estas linhas. O rabugento reclama que a crônica foi por água abaixo, já que a mitologia não corresponde à hipótese macabra da colisão da filha com a mãe para gerar a neta. Daquele resmungão nada posso esperar, a não ser seu comentário adicional de que a infinidade de crateras que desfiguram a face da Lua só podia mesmo ter sido o resultado de um incesto. Então, deixemos de lado as coincidências literais, que não as há, e fixemo-nos na poesia.

Não sei vocês, mas a mim dá um certo prazer associar idéias livremente. Encanta-me, portanto, saber que a Ciência favorece a hipótese de que nosso romântico satélite nasceu, para a eternidade, da explosão resultante do encontro íntimo de dois corpos celestes, assim como a sublime explosão no climax do encontro íntimo de dois corpos terrenos eterniza e, por vezes, gera frutos de tantos amores inspirados à luz da Lua.

Tornados e estatísticas

Dizem que um raio não cai duas vezes no mesmo lugar. Mas a população de Moore, no estado norteamericano de Oklahoma, perdeu a fé nesse dito popular. Numa tarde de 2013, um tornado arrasou uma extensa área da cidade, deixou mortos e destruiu mais de duas mil casas, duas escolas e boa parte do hospital local. O tornado caiu praticamente no mesmo lugar de outro que, em 1999, também causara mortes e destruira centenas de casas, além de danos severos em cidades vizinhas.

Um tornado, ou ciclone, é um funil de ar giratório que ocupa o espaço entre uma nuvem e o solo, com ventos que podem atingir velocidades de até quinhentos quilômetros por hora. Forma-se nas nuvens e fica visível quando toca o chão e levanta poeira e destroços. Sua força é medida numa escala de zero a cinco, dependendo da velocidade dos ventos e, principalmente, dos danos resultantes. Tanto em 1999 quanto em 2013, os tornados que cairam sobre Moore foram classificados como EF-5, o grau máximo.

Uma extensa faixa do território dos Estados Unidos, do nordeste do Texas ao oeste da Georgia e do golfo do México até o extremo norte do país, é chamada de "alameda dos tornados". Nesta região os ciclones ocorrem com frequência muito maior do que em qualquer outro lugar dos EUA. Isso por causa do encontro de massas de ar frio e seco vindas do Canadá com outras de ar quente e úmido vindas do golfo, livres de grandes obstáculos como montanhas altas, que não existem na "alameda". Estima-se que ali ocorram cerca de três quartos de todos os ciclones na Terra, principalmente na primavera. Mas tornados também acontecem em outros países, incluindo boa parte da Europa, o sul da Ásia, a China, Austrália, Filipinas, África do Sul e, perto daqui, o leste da Argentina, Uruguai e o extremo sul do Brasil. Dentre os mais destrutivos da história, Bangladesh registra cerca da metade.

Todas estas informações são muito educativas, porém a população de Moore não só ficou em choque pelas vítimas e pela destruição, mas deve estar até hoje se perguntando por que uma tragédia desta magnitude se repetiu ali mesmo num intervalo de apenas quatorze anos. Afinal, tornados EF-5 são raríssimos, menos de um a cada mil, porque dependem da incomum coincidência de vários fatores ligados às correntes de ar, umidade, condições do tempo ao longo de grandes distâncias e, ainda, da topografia e da concentração urbana na região onde o ciclone toca o solo. É minúscula a chance desse conjunto de coincidências, que amplificam o poder destrutivo dos ciclones, se dar exatamente no mesmo lugar. Moore tem cerca de cinquenta mil habitantes e ocupa menos de cinquenta e sete quilômetros quadrados, enquanto Oklahoma tem área três mil vezes maior. Mesmo considerando que é o estado com maior frequência de ciclones de grau alto, ainda assim Moore, que fica coladinha à capital do estado, detém agora uma fatia desproporcional das tragédias deste tipo.

Por que essa malfadada predileção pela pacata cidadezinha? É plausível que os cientistas venham a concluir que as condições meteorológicas fazem do entorno de Moore um local especialmente propício à formação de tornados destrutivos. Por outro lado, não faltará quem atribua as agruras da cidade a desígnios sobrenaturais, uma retribuição tardia pelas crueldades de algum habitante malévolo, ou outra causa esdrúxula. Meus fiéis leitores sabem qual seria minha escolha entre essas explicações, mas a crônica não é sobre isso, e sim sobre probabilidades, para não usar o nome – falem baixo para não atrair o bicho - es-ta-tís-ti-ca.

A improvável repetição da tragédia de Moore lembra-me um livro extraordinário. Trata-se de "O andar do bêbado", de Leonard Mlodinov. Neste livro, que ostenta o subtítulo "Como o acaso determina nossas vidas" o físico Mlodinov explica para leigos a teoria das probabilidades e desmistifica a estatística. Entre outras coisas, comenta a dificuldade que tanta gente tem de aceitar a aleatoriedade de certos eventos os quais, por vezes, parecem regidos por uma relação causa-efeito simples. No caso de Moore a questão é aceitar ou não que, às vezes, catástrofes naturais podem se repetir no mesmo lugar por mero acaso.

Senão, vejamos. Aquela região foi atingida por cerca de cem tornados nos últimos cem anos, cinco dos quais atingiram Moore. Pela raridade dos tornados EF-5, depois do terrível ciclone de 1999 certamente a maioria da população da cidade acreditou que não veria algo assim outra vez. Pois aconteceu. E, agora, muitos devem estar seguros de que a chance de um ciclone atingir o grau EF-5 naqueles parcos sessenta quilômetros quadrados é muito maior do que em qualquer outro lugar. Deixando de lado explicações sobrenaturais, é óbvio que basta mais estudo e equipamentos mais sofisticados para chegar, inevitavelmente, a esta conclusão, certo? Errado.

Na verdade pode até ser, mas apesar de todo o carinho que vosso cronista nutre pelo determinismo nas ciências naturais, é perfeitamente plausível que a repetição da história de Moore seja obra do acaso, ou de uma conjunção casual de múltiplas coincidências improváveis. Em outras palavras, qualquer cidadão, cientista ou não, estará em pleno gozo de suas faculdades mentais se admitir que, mesmo levando em conta possíveis efeitos de mudanças climáticas recentes, a chance desta tragédia ter ocorrido pela segunda vez em tão pouco tempo era tão pequena quanto de acontecer pela primeira vez. E continua a mesma, ou seja, por mais improvável que seja pode acontecer de novo na próxima primavera sem ferir as leis da estatística.

Acreditem, um acaso não nos exime de outro igual e um raio pode perfeitamente cair duas vezes no mesmíssimo lugar. De modo geral, embora um velho barbudo tivesse boas razões para dizer que a história se repete, a primeira vez como tragédia, a segunda como farsa, em se tratando de catástrofes naturais a repetição pode ser uniformemente trágica. Se a gentil leitora não acredita, leia o livro do Mlodinov. Na pior das hipóteses não vai se convencer, mas é diversão garantida. A menos, é claro, que a mera menção da palavra "estatística" lhe seja suficiente para provocar uma crise alérgica.

Terra à vista

Desta vez fomos salvos da falta de assunto pela revista eletrônica do *Smithsonian Institute*. Não por falta de eventos palpitantes por aí, mas porque quase tudo é triste demais para uma crônica leve. Felizmente, achei um jeito de deixar os infortúnios para os sisudos. Escrevo, pois, sobre a aparente descoberta de um novo planeta com características semelhantes às da Terra e, possívelmente, habitável.

Já imagino leitores preocupados, a uma distância segura do computador, de olhos esbugalhados a perguntar: habitável por quem??! Apresso-me a esclarecer que, o "habitável" nesse caso refere-se, de fato, a seres não muito diferentes de nós - tá bom, senhorita, não muito diferentes de mim, eu também acho que você é por demais bonita para se parecer com um ET... Porém, acalmem-se, o planeta recém-descoberto não está no nosso velho e conhecido sistema solar, e sim, a uma boa distância.

É preciso saber que a notícia provém de uma publicação submetida a um portal provisório, que divulga artigos científicos antes de revisão crítica por outros cientistas para estimular uma discussão aberta. Pode ser que especialistas em Astrofísica, mais cedo ou mais tarde, encontrem falhas nos métodos ou nas interpretações e, nesse caso, as conclusões dos autores iriam para o lixo. Foi por isso que, lá no começo do texto, eu escrevi "aparente" descoberta. De qualquer forma, como não estamos no laboratório e sim no telhado, podemos nos divertir conversando sobre o assunto.

Planetas giram em torno de estrelas e o Sol é uma estrela, mas o novo planeta dá suas voltinhas em torno de outra, a uma distância equivalente a pouco mais da metade da que separa o Sol da Terra. Como aquela estrela é mais fria que o Sol, as condições do tempo na região em que está situado o novo planeta são compatíveis com a existência de água em estado líquido. A temperatura lá não deve ser nem tão quente, nem tão fria a ponto de excluir a possibilidade de vida semelhante à nossa. Além disso, os cientistas consideram provável que o novo planeta gire em torno de si mesmo, tal como a rotação da Terra e, assim, haja alternância entre dia e noite. Pelos cálculos, uma volta completa em torno da estrela, equivalente à translação da Terra, resultaria em um "ano" de pouco menos de duzentos dias terrenos, ou seja, permitiria alternância de estações e favoreceria formas de vida parecidas com as que existem na Terra. Sim, sim, prezados leitores, lá os sessenta serão de fato os novos quarenta.

Ainda é cedo para comemorar, mesmo porque estudos anteriores não haviam detectado este planeta. Porém, os autores do trabalho alegam que o conseguiram, agora, porque aplicaram métodos de análise mais precisos. O procedimento permitiu também estimar que o novo planeta tem uma massa cerca de sete vezes maior que a da Terra, mas não foi possível saber seu tamanho. Resumindo, ainda não sabe lá muita coisa. Porém, o que se descobriu até agora justifica que os pesquisadores mantenham o que se costuma chamar de otimismo cauteloso. Essa expressão se traduz por "ainda não temos certeza, mas estamos torcendo para ser o que achamos que é".

Há também a expectativa de que uma nova geração de super telescópios possa, dentro de algum tempo, oferecer condições técnicas para observação direta do planeta.

Apesar das dúvidas que persistem, tendo em vista os prognósticos sombrios quanto ao futuro da Terra e considerando a proliferação de pequenos e grandes aborrecimentos, não seria nada mau se, em vez de se aposentar e ir morar no interior, nos fosse possível mudar, de mala e cuia, para o novo planeta que ganhou o nome de HD40307g. Chamemo-lo, carinhosamente, de Gêzinho, pois ele poderá ser nossa nova opção para melhorar a qualidade de vida. Afinal, a estrela em torno da qual Gêzinho gira fica a uma distância da Terra de apenas uns quatrocentos e quarenta trilhões de quilômetros, nada que um motorista de ônibus carioca não consiga percorrer em pouco tempo...

Fora daqui!

Foi o que uma galáxia disse para um buraco negro. Foi isso que li no jornal. Ou quase isso. O fato é que cientistas detectaram indícios de que um buraco negro está sendo expulso de uma galáxia. Não se assuste. Relaxe e tenha um pouquinho de paciência. Até eu, que não entendo bulhufas de Astrofísica, consigo explicar.

Uma galáxia é um conjunto de estrelas e planetas. Há centenas de bilhões de galáxias no Universo. Uma delas é a Via Láctea. Ela, sozinha, contém centenas de bilhões de estrelas. Uma, só uma, destas estrelas é o Sol. E nosso planeta Terra gira em torno do Sol. Perceba como nós, meros sete bilhões de seres humanos, somos minúsculos diante do Universo.

Já um "buraco negro" é uma massa enorme de matéria agregada no espaço, incluindo restos de estrelas que esfriaram e morreram há bilhões de anos. Massa enoooorme mesmo! Para ter uma idéia, pense em um daqueles "5 passageiros ou 375 kg" que cabem num elevador. Depois, imagine um undecilhão deles. O que é "undecilhão"? É um trilhão de trilhões de trilhões. Escreve-se o algarismo "um" seguido de trinta e seis zeros. Que se há de fazer, números em Astronomia são...astronômicos. Se pusermos vinte undecilhões de passageiros num dos pratos de uma balança, equilibra um buraco negro no outro prato. E tudo isso está contido numa esfera de, no máximo, umas dez vezes a distância da Terra ao Sol. Não seria muito mais confortável do que se todos aqueles passageiros estivessem dentro do elevador.

Tome um gole d'água, respire fundo e vamulá. A lei da gravidade reza que objetos com muita massa atraem para si objetos com pouca. O embrulho que a gente não segura direito cai no chão porque tem muitíssimo menos massa do que a Terra. Pois a massa de matéria num buraco negro é tão condensada, mas tão condensada, que atrai para si tudo nas proximidades. Acredite, até a luz é sugada para dentro. Assim, ao contrário da nossa romântica lua, que reflete a luz do sol e, por isso, a vemos brilhante no céu, aqueles trambolhos não refletem luz. São necessárias tecnologias avançadíssimas para estudá-los. Assim mesmo, só através do efeito que eles exercem sobre outros corpos celestes nas proximidades.

E tem mais. Engana-se a estimada leitora se acha que está imóvel quando olha preguiçosamente para a folha de papel e, mesmo a contragosto, lê estas palavras. As galáxias se movem no espaço sideral, giram, aproximam-se e afastam-se umas das outras a velocidades altíssimas e, por falta de educação no trânsito, vez por outra colidem e se fundem. Aliás, a NASA divulgou recentemente uma previsão de que nossa galáxia vai colidir com a "vizinha" galáxia de Andrômeda! Mas só daqui a uns quatro bilhões de anos, pois Andrômeda ainda se encontra a vinte e cinco quintilhões de quilômetros de nós. Ufa!

Acredita-se que há um buraco negro no centro de cada galáxia, ou de quase todas. Se duas galáxias se fundem, seus respectivos buracos negros podem se chocar a uma velocidade inimaginável e, sabe aquele momento inicial de uma luta de sumô? Só que, de cada lado, estão trilhões de trilhões de...o resto o leitor já entendeu. Mas, nunca se tinha pensado na possibilidade da expulsão de um buraco negro de dentro de uma galáxia.

Pois foi exatamente isso que uma equipe da Universidade de Harvard descobriu, ao examinar uma galáxia situada a cerca de quarenta bilhões de trilhões de quilômetros da Terra. Para isso usaram um fabuloso telescópio de raios X, o qual está em órbita a cento e quarenta mil quilômetros de altitude. Os resultados da pesquisa indicam que um buraco negro, formado após uma colisão, move-se velozmente para fora da tal galáxia. Com base nesta descoberta, os cientistas especulam que pode haver muitos buracos negros vagando no espaço intergalático, indetectáveis com as tecnologias atuais. Arre égua! Como se já não bastasse os asteróides que andam zunindo por aí. E pelo menos esses se sabe onde estão e para onde vão nos próximos anos.

A Astrofísica é, acreditem, uma Ciência que ocasionalmente resulta em produtos de uso imediato, como certos materiais ou equipamentos que foram desenvolvidos para telescópios e naves espaciais. Mas seu valor maior está no que aprendemos sobre o comportamento do planeta, da Via Láctea, das galáxias vizinhas e distantes e do espaço entre elas, muito além do nosso dia-a-dia o qual, por sua vez, é parte deste Universo em constante evolução.

Os astros vem, de longa data, alimentando as Filosofias, tanto místicas quanto materialistas. De minha parte, adorei esse comportamento tão humano daquela remota galáxia. Ela deve estar feliz por livrar-se de um sugadouro interminável de matéria e energia, que acabaria por consumir tudo à sua volta. Quem dera a Astrofísica nos ensinasse a expelir, de nossa pequena galáxia latinoamericana, os passageiros de certos elevadores que ocupam tantas páginas tristes dos mesmos jornais nos quais lemos, em português ou castelhano, a deslumbrante notícia da expulsão do buraco negro. Antes que estes passageiros nos engulam ou roubem toda nossa luz.

O supervulcão é a solução

Volta e meia faz um calor de rachar no Rio de Janeiro. Não é novidade. Mas, cá pra nós, o ser humano não foi feito para aguentar quarenta e cinco graus à sombra com umidade alta. Nessa canícula dos infernos não adianta refresco, sorvete ou gelo na piscina. A única solução é torcer pela explosão de um supervulcão.

Não, o cronista não endoidou de vez. Tenham fé, chegaremos lá como de hábito. A razão foi a publicação, na revista científica *Nature Geoscience*, de dois artigos badaladíssimos que repercutiram muito entre os aficcionados. Para começar, o que são supervulcões e qual a razão de toda essa alegria *nerd*?

Se a gentil leitora ficou impressionada com a confusão armada em 2010 pela erupção do vulcão islandês Eyjafjallajökull, cujas cinzas provocaram fechamento de aeroportos e cancelamento de centenas de voos por vários dias em toda a Europa, ou com a explosão do Monte del Ruiz, em 1985 na Colômbia, que causou a morte de vinte e cinco mil pessoas nas proximidades, saiba que um supervulcão ativo é capaz de lançar, de uma única vez na atmosfera, até mil vezes mais cinzas do que aqueles dois ou qualquer outro vulcãozinho famoso.

Os supervulcões, no entanto, explodem muito mais raramente do que os vulcões, digamos, comuns. O caso mais recente foi há várias centenas de milhares de anos, mas pode acontecer de novo e, dada a magnitude de seus efeitos, é assunto de muito estudo por aí afora. Já há algum tempo os cientistas desconfiavam que as erupções de supervulcões tem causas distintas dos vulcões comuns. E a razão dos festejos é exatamente porque se acredita que agora foi desvendado o mistério da diferença.

Por que um vulcão convencional entra em erupção? Há várias razões, principalmente um aumento relativamente rápido do volume de rocha derretida, chamada magma, debaixo de uma via de escape que é a cratera do vulcão. A coincidência desses fatores, em geral acompanhada de algum distúrbio como um terremoto, faz com que o magma, na alta pressão decorrente do aumento do volume, escape pela cratera lançando cinzas na atmosfera e lava que escorre pela encosta.

Pois os trabalhos de dois grupos internacionais de cientistas ingleses e suíços indicam que os supervulcões se comportam de forma distinta. Segundo eles, nos supervulcões há quantidades muito maiores de magma, mas que se acumulam lentamente e, com isso, a crosta terrestre por cima destas "câmaras" se acomoda por longos períodos sem romper. Porém, a densidade do magma diminui progressivamente devido a vaporização e cristalização e, assim, em vez de um rápido incremento de volume causar o aumento de pressão que leva à ejeção em um vulcão comum, a baixa densidade do magma produz uma pressão de empuxo que pode, eventualmente, se tornar maior do que a crosta terrestre suporta e explodir violentamente. Esse processo é parecido com o que ocorre quando o calorento leitor resolve brincar com as crianças na praia, escondendo debaixo d'água uma bola de borracha cheia de ar. O empuxo faz com que a bola acabe pulando para fora d'água, provocando gargalhadas infantis e desaforos do vizinho atingido em cheio nas bochechas.

A explosão de um supervulcão é um desastre natural que só perde em violência para o choque de um asteróide contra a Terra, como aquele a que se atribui a extinção dos dinossauros. Os cientistas calcularam que um supervulcão potencial, localizado no Parque Nacional de Yellowstone, nos Estados Unidos, ainda está muito longe de explodir, mas tem boa chance de acontecer nem que leve algumas centenas de milhares de anos. Além de possíveis vítimas nas imediações, o lançamento de uma quantidade imensa de compostos sulfurosos na atmosfera poderá bloquear a luz solar por longos períodos até as cinzas se dissiparem. Para se ter uma idéia, a erupção do Pinatubo, em 1991 nas Filipinas, diminuiu em meio grau centígrado a temperatura da região por vários meses. A explosão de um supervulcão pode produzir um resfriamento de até dez graus centígrados por mais de uma década!

E assim, finalmente chegamos onde queríamos. Se o prezado leitor ainda se lembra de como começou esta crônica, há de convir que uma redução de dez graus na temperatura do verão carioca seria do agrado de muita gente, pelo menos em dias úteis. É pena que estrague os fins de semana na praia, mas nem tudo são flores na vida.

Planetas gasosos na capital federal

Há algum tempo, no período de um mês fui - e voltei incólume! - três vezes à cidade imperial de Brasília, a trabalho. Em espera nos aeroportos e durante a viagem de avião, avistei políticos que se deslocavam para lá ou cá. Não sou do ramo, então raros nomes me ocorrem para um número bem maior de caras mais ou menos conhecidas. Mas é fácil perceber quem, dentre os passageiros das pontes aéreas da capital federal, possui algum poder. Trata-se daqueles cujas piadas insossas são recebidas, invariavelmente, com sonoras gargalhadas dos que em torno deles gravitam. Quanto mais altas as risadas, mais poder existe no centro das atenções. Há, é claro, os que apenas acham ou fingem que têm poder, mas em torno desses aquela alegria toda não costuma durar muito.

Numa destas viagens, li uma reportagem sobre as descobertas mais recentes de sinais da presença de água em planetas extrasolares, também chamados de exoplanetas. Esses são corpos celestes que giram em torno de estrelas outras que não o Sol. Ficam a muitos trilhões de quilômetros de distância da Terra, mas suas características físicas estão em estudo, por exemplo, através do telescópio espacial Hubble. Esse instrumento, acoplado a um satélite que há quase trinta anos circula na órbita terrestre a uma altura de mais de quinhentos quilômetros, tem tecnologia suficiente para detectar sinais eletromagnéticos a longas distâncias. E alguns destes sinais correspondem à presença de água.

A notícia dá conta de que estudos publicados na revista

científica *Astrophysical Journal* descreveram sinais convincentes da presença de água em exoplanetas. Infelizmente, não se trata de lugares com um mínimo de condições de abrigar nossas frágeis e exigentes vidinhas humanas. Mesmo assim, a presença de água fora da Terra é sempre uma boa notícia em Astrofísica e Astrobiologia. E por que estes planetas não nos serviriam pelo menos para passar as férias de verão, se alguns aventureiros obstinados são capazes de acampar na praia de Marobá? Porque são insuportavelmente quentes e não dá sequer para fincar as estacas da barraca, já que são gasosos. É isso mesmo, em lugar dos solos arenosos, calcáreos e outros a que estamos acostumados, há no Universo uma infinidade de planetas gasosos.

Nada demais, pois há mais coisas entre o céu e a Terra do que sonhava o príncipe da Dinamarca, não é mesmo? Imaginem que há exoplanetas em cuja superfície se encontram oceanos de gelo quente. Acreditem, gelo que solidificou não pelo frio, mas pela pressão. A Natureza é mesmo cheia de truques incomuns. Porém, nesta humilde crônica, o que interessa mesmo são os planetas gasosos.

Destarte, seguindo nosso hábito peculiar de associar disparidades, a notícia sobre os planetas gasosos imediatamente se fundiu com os seres que giram em torno dos políticos. Vez por outra se encontra um destes puxassacos – é assim, depois do acordo ortográfico? - com algo a dizer. Mas não é lá muito comum. Em sua maioria, essa turminha que fica rodeando os poderosos, feito moscas de padaria, não tem nada de sólido. Assim como os gases, dispersam-se ao menor sinal de queda na fatia do poder de sua estrela, para se reagruparem em torno de outra, suficientemente próximos para suas gargalhadas serem ouvidas e atribuídas à boca que as emite, mas não tão perto que não possam escapar da força da gravidade do centro de seu minúsculo universo, pouco antes da estrela apagar e se transformar em um buraco negro, de onde nada sai.

Estão roubando outro planeta

Uma piada, contada num programa de televisão pelos humoristas do Casseta e Planeta, mostrava um assaltante armado rendendo um cidadão e gritanto "Anda, diz aí o nome de todos os afluentes da margem direita do Rio Amazonas, senão eu atiro!". A vítima, suando frio, "Javari, Jutaí, Juruá, Madeira, Purus, Tefé, Coari". O bandido "Tá certo, então pode ir!". E o cidadão, aliviado, "Eu sabia que um dia isso ia ser útil...".

Quando eu era garoto, não havia *nerd*. Quero dizer, não tinha essa palavra no vocabulário da época. Mas usava-se outro nome para os que insistiam em aprender coisas que pareciam (ou eram) inúteis. Chamava-se, ou melhor, abreviava-se "cedeéfe". Só esses conseguiam recitar de memória os dias da semana em francês – lundi, mardi, mercredi, jeudi, vendredi, samedi e dimanche –, as capitais e as cores da bandeira de todos os países da Europa e os planetas do sistema solar – Mercúrio, Venus, Terra, Marte, Júpiter, Saturno, Urano, Netuno e Plutão –. Para decorar essas coisas, o melhor era repetir a lista várias vezes, em ritmo marcial e quase cantando, como se fosse uma musiquinha.

Falando nisso, há algum tempo acompanhamos comovidos a saga do pobre Plutão, que foi rebaixado de planeta a "planeta anão", denominação politicamente incorreta e astronomicamente desmoralizante. Mas garanto que a gentil senhora, que nos honra com sua presença, ficará surpresa ao saber que corre o risco de perder mais um adorável planetinha.

Pois, há mais de quinze anos, a sonda espacial *Messenger* vem coletando dados sobre Mercúrio, o planeta mais próximo do Sol. Sete anos depois do lançamento, a engenhoca entrou na órbita adequada e começou a mandar informações e fotografias. Recentemente, pesquisadores americanos examinaram imagens de toda a superfície de Mercúrio e ficaram estarrecidos, ao concluir que o planeta tinha encolhido quase sete quilômetros ao longo de sua história de quatro bilhões de anos.

Como assim, minha senhora, encolher tão pouquinho em tanto tempo não é nada demais? Sete quilômetros são uma ninharia perante as distâncias astronômicas entre corpos celestes e, afinal, o que são meros quatro bilhõezinhos de anos na história do Universo? Muito bem, gostei de ver, tem lido com atenção nossas divagações. Mas não se trata de uma dieta de emagrecimento urgente em vista da proximidade do verão. No caso em questão trata-se de um planeta bem pequeno, uma esferinha com um raio de apenas dois mil e quinhentos quilômetros. Então, os sete quilômetros perdidos seriam, mal comparando, como se nossa Terra encolhesse o equivalente a mais de duas vezes a altura do Monte Everest.

Se continuar desse jeito, em menos de um trilhão e meio de anos Mercúrio vai desaparecer e nossa listinha de planetas do sistema solar começará com Venus e terminará com Netuno. Só sobrarão sete dos nove planetas cujos nomes, recitados com estilo, compunham uma suave cançoneta na infância deste humilde cronista. Sei não, tem muita coisa desaparecendo por aí. Deve ser alguma maracutaia cósmica, de fazer inveja na capital federal.

Como explicar o medo

Há alguns anos, um jovem garçom limpava mesas numa lanchonete de Bristol, na Inglaterra, quando encontrou um bilhete escrito em um guardanapo de papel. Dizia, apenas *"I am not afraid of tomorrow"*, que se traduz como "eu não tenho medo do amanhã". Tempos depois o rapaz, que hoje em dia cursa uma universidade e pretende tornar-se escritor, divulgou na Internet a foto do guardanapo, dizendo não saber se quem escreveu aquilo o fez para si, ou para quem encontrasse o bilhete. Seja como for, o autor da mensagem não a assinou nem, que eu saiba, se apresentou até agora.

A estimada leitora, por acaso, tem medo do amanhã? E aquele leitor rabugento, que sempre reclama do diversionismo do cronista, tem? Com auxílio do sempiterno *Google*, descobri que pelo menos um compositor *gospel* garante, em letra e música, que não tem. Mas eu não acredito. A emoção que conhecemos pelo nome de medo é um conjunto de reações comportamentais e biológicas de defesa contra ameaças e tem um importante papel evolutivo. Muitas destas respostas são inatas e precedem ou prescindem da conscientização do perigo.

O medo é muito mais complexo do que se imagina. Controvérsias sobre este assunto são muitas e, às vezes, contundentes. E não é à toa pois, por exemplo, o psiquiatra Isaac Marks, experiente no tratamento de pacientes com ansiedade e fobias, lembra que, na língua inglesa, há mais de trinta palavras para descrever variantes de medo ou ansiedade.

Outro cientista, da *Caltech*, sumariou na revista científica *Current Biology* pesquisas de laboratório, incluindo estudos de atividade cerebral em voluntários saudáveis e pacientes neurológicos, mostrando que diferentes tipos de medo estão associados a atividade em regiões distintas do sistema nervoso central. Seus mecanismos funcionais são, porém, muito conservados evolutivamente e, no cérebro de mamíferos, parecem sempre envolver as amígdalas. Não, madame, não são as amígdalas palatinas, que foram removidas de sua garganta quando a senhora era criança, através de uma pequena cirurgia seguida de muito sorvete. Estas amígdalas de que falo são partes do cérebro, que ficam mais ou menos na altura das suas orelhas, só que por dentro do crânio e bem profundas. Pessoas com lesões nesta região cerebral, estes sim, perdem o medo, como aconteceu com uma senhora portadora da chamada doença de Urbach–Wiethe, que resultou na degeneração das amígdalas dos dois lados do cérebro. Esta paciente sequer é capaz de reconhecer o medo estampado na face de outras pessoas, quando as vê ao vivo ou em fotografias.

Entretanto, o que mais nos interessa nesta crônica é um artigo do famoso neurocientista Joseph LeDoux, especialista em memória e emoção e, especialmente, no estudo do medo. Ele chama atenção sobre uma certa confusão no emprego da mesma palavra "medo" para descrever tanto as respostas de defesa induzidas por ameaças, quanto o sentimento consciente a elas associado. E não se trata de mero preciosismo, pois não são a mesma coisa. Embora em pessoas saudáveis as respostas automáticas e a conscientização do perigo ocorram em conjunto, há mecanismos distintos e partes diferentes do cérebro envolvidas nestes dois aspectos do medo.

Quem escreveu o tal bilhete na lanchonete parece confiante de que não tem nada a temer do amanhã. Mas o futuro é desconhecido e, convenhamos, ignorar o medo do desconhecido não passa de fanfarrice. Ou, talvez, o autor da frase não soubesse que, além das respostas inatas, não só humanos mas também animais como ratos e camundongos aprendem reações de defesa contra suas próprias adversidades, ou incorporam comportamentos defensivos através de interações sociais nos seus respectivos grupos. Algumas destas respostas podem permanecer desconhecidas pelo resto da vida, por não se repetirem as ameaças, ou por escaparem de nossa consciência. Então, frente a ameaças, reações comportamentais e biológicas de medo são inevitáveis, embora nem sempre se manifestem conscientemente.

Ao contrário do que muitos pensam, medo não é motivo de vergonha para ninguém. É um legado da evolução e um instrumento de defesa. Ocasionalmente pode se contrapor à ousadia do ser humano, prejudicando sua criatividade ou impedindo o progresso. Mas a coragem necessária para ousar não se confunde com uma presumível ausência de medo. Dela, talvez o melhor que se pode pensar é atribuído ao escritor Mark Twain, o qual teria dito que coragem é a resistência ou o domínio do medo. Esse sempre estará presente. A biologia é implacável.

Como ficar bem na foto

Quando do funeral de Nelson Mandela na África do Sul, cinco Presidentes do Brasil embarcaram para lá, todos no mesmo avião oficial. Tratemo-los todos assim, como Presidentes. Quem o foi, quem o é, em que circunstâncias ou ocasiões e para que fins não nos interessa pois, como é de conhecimento geral, este cronista não desperdiça seu precioso tempo a comentar a política nacional. Já nos basta aturá-la.

Pilhérias à parte, a tal viagem rendeu diversas fotografias grupais, entre as quais uma que, segundo o jornal, foi postada por um dos próprios Presidentes numa rede social. Naquela imagem estão não apenas os cinco, exibindo seus mais amplos sorrisos, mas também um cidadão de sobrenome Mosca. Não é de admirar, há sempre moscas voando em torno dos doces poderes. Mas os bravos leitores que até aqui chegaram não devem se desesperar, porque o assunto em pauta não contempla ideologias, discursos, decretos, intrigas, hipocrisias, disse-me-disse ou coisas que tais. Trata-se, tão somente, de ficar bem na foto.

Muitos escritos deste vosso criado misturam coisas aparentemente desconexas pois, volta e meia, a vida nos oferece de graça tais oportunidades. Vejam que a prestigiosa revista científica *Psychological Science* publicou um trabalho de cientistas da Universidade da California, os quais testaram empiricamente se pessoas em grupo parecem mais atraentes do que individualmente. E não só mostraram que isso é verdade, mas sugeriram explicações interessantes.

Não fique chocada, cara leitora, o fato é que, para o bem ou para o mal, seu rostinho encantador parece ainda mais atraente na foto de família do que se for recortado e mostrado sozinho. E como foi que os pesquisadores demonstraram isso? Eles recrutaram dezenas de estudantes, de ambos os sexos, e lhes apresentaram uma bateria de testes nos quais os voluntários tinham que dar uma "nota" para rostos femininos ou masculinos, apresentados em grupos ou individualmente. A nota deveria ser tanto maior quanto mais atraente parecesse o rosto. Os resultados da avaliação de centenas de faces mostraram que, em geral, as notas para cada rosto eram maiores quando estavam em meio a outros do que quando o rosto era apresentado sozinho.

A interpretação dos autores foi baseada em demonstrações anteriores de que a percepção de cada objeto apresentado num conjunto é distorcida no sentido da média de todos os objetos do conjunto. Ou seja, quando se olha um rosto numa foto de grupo tendemos a acha-lo parecido com um rosto "médio" dentre todos da foto. E, curiosamente, uma "média" dos atributos fisionômicos das faces em uma foto é avaliada como mais atraente do que cada uma das faces. Poupe-nos de insultos, caro leitor, a culpa não é nossa, foram os experimentos que mostraram isso. A coisa é tão forte que os voluntários deram notas mais altas a rostos nas fotos coletivas mesmo quando as imagens foram alteradas por meios eletrônicos de forma a deixar as faces borradas! Ou seja, nem mesmo tirando a nitidez dos traços fisionômicos desapareceu a preferência pelos rostos vistos em fotos coletivas.

Há, como sempre, questões não respondidas no artigo científico e os próprios pesquisadores lá reconheceram que nem todas as suas hipóteses foram comprovadas. Porém, a demonstração de que rostos são melhor avaliados em fotos coletivas do que individuais foi muito robusta. Talvez uma explicação simples seja de que, ao ver um conjunto de faces tendemos a ignorar detalhes pouco atraentes.

Voltando aos Presidentes trata-se, convenhamos, de fisionomias que a esta altura da vida já não ganham notas altas no quesito boniteza. Por isso, é melhor ser fotografado sempre na companhia de outras pessoas. Ao contrário do que poderia parecer, se a média dos atributos é o que conta, de preferência com gente bem bonita. E na falta de gente bonita serve até mosca, desde que mais jovem, como foi o caso da tal foto postada nas redes sociais.

Mas isso os marqueteiros já sabiam, nem que fosse por intuição ou experiência. E para evitar maledicências encerro por aqui, antes que alguém resolva repetir o trabalho dos cientistas americanos examinando comparativamente a estética e a fotogenia dos cinco Presidentes, em conjunto ou isolados, e daí divulgue conclusões que venham a ter sérias consequências para a política nacional.

Lembra?

Uma tirinha do cartum *Doonesbury*, criado pelo norte-americano Garry Trudeau, mostra dois estudantes universitários conversando. Um deles pergunta: "Você lembra daquele dia em que nós tiramos a roupa toda e passamos correndo, aos berros, pela cafeteria dos professores?". O outro responde: "Nós nunca fizemos isso!". E o primeiro retruca: "Um dia nós vamos achar que fizemos...".

Lembrei desta tirinha lendo a reportagem sobre uma pesquisa feita por cientistas da Universidade da California. Eles analisaram imagens de ressonância magnética dos cérebros de indivíduos portadores da chamada *Highly Superior Autobiographic Memory* (memória autobiográfica altamente superior, abreviada HSAM). Estas pessoas são excepcionais por lembrar-se, com exatidão, de praticamente tudo o que ocorreu há muitos e muitos anos, tal como a data exata de um evento público de pouca importância e outras minúcias deste tipo. Mas somente eventos e ações diretamente relacionadas ao próprio indivíduo, daí o nome de "memória autobiográfica". Os pesquisadores descobriram que, nestes indivíduos, a HSAM vem acompanhada de peculiaridades específicas em várias partes interconectadas do cérebro, que as tornam diferentes das de outras pessoas. Os pesquisadores, agora, pretendem estudar a razão desta relação entre as conexões cerebrais e a capacidade anormalmente alta de recordar fatos. Isto não apenas contribuirá para compreender o funcionamento do cérebro, mas poderá ajudar a desenvolver tratamentos para doenças que afetam a memória, como a doença de Alzheimer.

A mesma reportagem chamou atenção para os "outros", os que não lembram detalhes de eventos ocorridos há muitos anos – ou seja, nós ou, admito, eu. Em geral, quando alguém lembra de um evento passado, o faz menos da forma exata que aconteceu, e mais pelo que aquilo significa para si atualmente. Ao contrário da precisão factual da HSAM, as recordações do passado são adaptadas ou distorcidas pelo presente, bem como por pistas externas.

De fato, uma pesquisadora da Universidade de Warwick recrutou um grupo de estudantes voluntários para um experimento e, em segredo, obteve dos pais fotografias da infância destes estudantes. Manipulando as imagens num computador, modificou as fotos de cada voluntário de modo a representar algo que, de acordo com os familiares, jamais aconteceu na infância daquele estudante. Mostrou para cada um "suas fotos" e, duas semanas depois verificou que, em mais da metade dos casos, o voluntários "lembrava-se" do evento de sua infância e chegava a descreve-lo de forma vívida, surpreendendo-se ao ser informado de que aquilo jamais acontecera. Por exemplo, uma foto de um estudante que jamais tinha voado num balão foi modificada de modo a mostrá-lo, na infância, num balão. O estudante, então, passava a "lembrar-se" de detalhes da viagem de balão.

Estudos como estes dão o que pensar, quando ouvimos de outrem afirmações enfáticas sobre o que lhes aconteceu há tempos. O fato é que a HSAM é rara e que a memória trai, por mais que cada um de nós queira acreditar piamente naquilo que lembramos. A história pessoal, as expectativas, crenças, ideologias, emoções e sentimentos de cada um distorcem a memória de tal forma que o indivíduo passa a acreditar firmemente nos detalhes do evento, tenham ou não acontecido. Estas distorções são intrínsecas à natureza narrativa da memória.

Ou seja, convém ficar alerta. Quando, há décadas, li aquela tirinha de Garry Trudeau pela primeira vez, achei graça. Agora, tenho de fazer força para não acreditar que, ao le-la, eu teria percebido claramente o subtexto e o associara, é claro, à natureza da memória...

O sorriso da Tara

Não é nada do que vocês estão pensando. A Tara do título não começa com letra maiúscula por alguma perversão do locutor que vos fala, É o nome de uma pesquisadora da Universidade do Kansas, que estuda emoções, estresse e...sorrisos. Tara Kraft trabalhou com Sarah Pressman, uma cientista especializada nos efeitos que emoções positivas e relacionamentos sociais causam sobre a saúde. Elas examinaram o efeito do sorriso sobre o estresse e publicaram suas descobertas na revista científica *Psychological Science*.

As pesquisadoras testaram se o sorriso, por si próprio, produz benefícios para a saúde. Quase todo mundo acredita que bom humor ajuda a enfrentar dificuldades e que um sorriso espontâneo é uma manifestação de alegria. Mas, o que as cientistas queriam saber era se, sem depender do humor ou do estado de felicidade do indivíduo, a mera expressão do sorriso tem efeitos biológicos.

De início elas treinaram pessoas para segurar na boca aqueles pauzinhos que se usa para comida japonesa (*hashi*), de modo a forçar uma expressão facial. Os voluntários foram dividos em três grupos, dependendo da forma como tinham de segurar os *hashi*. Em um grupo, a expressão forçada era uma face neutra; em outro, um sorriso comum e, no último grupo, incluia também sorrir com os olhos. Essa última expressão é chamada "sorriso de Duchenne" ou "sorriso genuino" e, caso não saiba o que é, procure um casal apaixonado ou, se for difícil de achar, uma mãe orgulhosa de seu pimpolho. Preste atenção nos rostos e saberá.

Voltando às psicólogas, depois de treinar os tres grupos elas pediram aos voluntários para resolver problemas difíceis e estressantes, sempre segurando os *hashi* na boca para manter a expressão facial designada. Os voluntários não sabiam que se tratava de uma pesquisa sobre o efeito de sorrisos, nem estavam cientes da expressão a que eram forçados, só foram informados de que era um teste sobre solução de problemas. Assim, os resultados não seriam distorcidos pela expectativa quanto à expressão facial. Durante e depois de cada tarefa, cada voluntário tinha de descrever seu próprio nível de estresse e era medida a frequência de batimentos do coração. Quando alguém está estressado, em geral o coração bate forte e rápido.

É claro que pesquisa científica não se avalia por um único trabalho. É preciso acompanhar a análise continuada de especialistas e a replicação deste experimento ou de outros para confirmar (ou não) as conclusões. Mas os resultados foram impressionantes. Querem saber? Pois os indivíduos que, involuntariamente, forçaram um sorriso sofreram menor aceleração dos batimentos do coração e relataram níveis ligeiramente menores de estresse do que os que mantinham expressão neutra. E o sorriso de Duchenne provocou um efeito ainda melhor do que o sorriso comum. Isso tudo sem qualquer relação com o humor ou o estado de felicidade dos voluntários, só com a expressão facial forçada mecanicamente.

Então, este estudo sugere que sorrir não é apenas um sinal de bom humor ou felicidade, mas pode ser benéfico para a resistência ao estresse e para a saúde do coração, mesmo que seja apenas a consequência da contração dos músculos faciais que produzem o sorriso. Curiosamente, dentre voluntários cujos *hashi* forçavam um sorriso, não houve diferença entre aqueles que foram instruídos a sorrir e os que não foram.

    Estas inferências e as de outros estudos na mesma linha, como os indícios de que o sorriso, por si só, induz alterações de níveis hormonais associados ao estresse, são ainda sujeitas a chuvas e trovoadas. Porém, na dúvida, não custa forçar um sorriso em situações difíceis. Talvez seja por isso que Tara Kraft, na foto que aparece numa espécie de *Facebook* acadêmico da Universidade do Kansas, exibe um largo sorriso. Quem sabe um truque para resistir ao estresse do doutorado...

Canção que provoca arrepio...ou não

Sim, o título é uma apropriação, provavelmente indébita, de um verso da canção "Menino do Rio" de Caetano Veloso. Porém, esse deslize voluntário de nossa parte é por uma boa causa. Fazemo-lo para falar do arrepio que nos causam trechos marcantes de certas músicas. Isso mesmo, querida leitora, aquele *frisson* que lhe dá quando ouve *The long and winding road*, *Jumpin' Jack Flash*, *As rosas não falam*, *Cálice*, a *Sonata Kreutzer*, a *Polonaise heróica*, a *Quinta Sinfonia*...nenhuma delas? Tá bom, algumas dessas arrepiam alguém, a gentil senhora tem as suas e, quem sabe, até o mais rabugento dos leitores tem lá sua lista particular.

Esse arrepio é uma manifestação emocional objetiva, uma das mais fortes que o prazer de ouvir boa música é capaz de provocar. Mas nem todo mundo se arrepia ao ouvir obras musicais, mesmo suas preferidas. Se perguntarmos por aí, haverá quem diga que sente um prazer imenso, fica hipnotizado, enlevado, feliz, de paz com a vida, mas poucos poderão garantir que ficam arrepiados, no duro, com os pelinhos do braço eriçados e aquele tremelique que sobe e desce pela nuca. Curioso, não? Pois não se trata apenas de um factóide moderadamente interessante. É uma observação que atiça o espírito científico e há motivos fortes para cientistas sérios se dedicarem a descobrir os fundamentos biológicos do prazer estético. Que o diga uma jovem cientista da *Wesleyan University*, nos EUA.

A moça, hoje Professora de Psicologia, chama-se...Psyche Loui. Para além do espanto com essa curiosa coerência de nome próprio e profissão, acrescente-se que Psyche é também Bacharel em Música, exímia violinista e deu aulas de piano e violino em uma escola particular quando era aluna de graduação universitária. Isso explica direitinho seu interesse na Psicobiologia aplicada à estética, né? Pois ela resolveu estudar exatamente os fundamentos neurobiológicos do tal arrepio causado por músicas em alguns seres humanos.

Mais precisamente, ela quer saber por que é tão variável a resposta emocional de seres humanos à música. Acreditem, há quem não goste de ouvir música, embora reaja normalmente a outras formas de arte, como a pintura. Já se sabia que o prazer estético associado à música depende de certas conexões entre áreas cerebrais bem conhecidass, uma parte delas dedicada à audição e outra envolvida com recompensa. Psyche e um grupo de colaboradores selecionaram dois grupos de voluntários com reações diferentes à música,: um de pessoas que se arrepiavam com suas canções prediletas - o "grupo do arrepio" - e outro que, embora tivesse claras predileções musicais, nunca se arrepiava - o "grupo sem arrepio", é claro.

Ela apresentou aos participantes trechos de músicas identificadas pelos próprios voluntários como suas prediletas e anotou, para cada indivíduo, o relato de suas sensações, bem como a ocorrência ou não de arrepios, e mais o ritmo dos batimentos do coração e a condutância elétrica da pele, essas duas últimas respostas normalmente usadas para detectar alterações de cunho emocional. Ambas foram aumentadas em voluntários arrepiados. Além disso, os pesquisadores examinaram o cérebro dos participantes por uma técnica de imagem, chamada Ressonância Magnética Nuclear por Tensor de Difusão, detalhes da qual, acreditem, ninguém aqui quer saber. Basta acreditar que é usada para mostrar a estrutura de conexões cerebrais em indivíduos vivos. Pois o "grupo do arrepio" mostrou muito mais conexões entre a àrea da audição e as áreas de recompensa do cérebro do que os "sem arrepio". Bacaninha, né? Uma parte maior do cérebro é usada por quem apresenta respostas emocionais tão mais intensas que chegam a arrepiar o cidadão!

Pois taí o que a jovem Psyche faz na vida. Persegue com a Neurociência as razões pelas quais uns se emocionam mais do que outros com a música e, agora, já pergunta se isso se aplica a outras formas de arte. Também questiona seu significado para teorias sobre evolução da estética humana, em particular no caso da música, um elemento cultural heterogêneo porém universal. De quebra, o trabalho pode iluminar outros mistérios do cérebro humano como, por exemplo, as diferenças entre pessoas dotadas de alta empatia emocional e indivíduos portadores de distúrbios sócio-emocionais. como no autismo.

Por fim, ainda se pode saborear a poesia embutida no nome da jovem cientista. Psyche, que em grego significa "alma", é o nome da heroína de uma das mais belas narrativas da mitologia grega, a do amor verdadeiro entre Psyche e Eros. Sabe-se lá, talvez a primeira noite de amor dos protagonistas daquele mito tenha sido a inspiração para o apelido de "orgasmo da pele", que alguns pesquisadores usam para definir o arrepio provocado pela apreciação estética da música.

Um cientista no telhado

Os Eus e as futuras gerações

Durma-se com um título desses. Mas esperem e verão.

Comecemos pela antiga crença de que a previsão do tempo não é confiável. Ao contrário, hoje em dia os métodos e instrumentos usados em Meteorologia avançaram tanto que é muito grande a probabilidade de acerto para os dias subsequentes. Dificilmente me arrependo de carregar ou não um guarda-chuva conforme a localização dos risquinhos oblíquos no mapa do jornal ou da TV.

Mais polêmica é a previsão de longo prazo, é claro. Porém, já se sabe que todos nós carregamos uma parcela de culpa por contribuições involuntárias ao aquecimento global e pelos danos causados ao meio ambiente por materiais de decomposição lenta. Em minha defesa, há mais de vinte e cinco anos fomos cumprimentados pelo porteiro do prédio onde moro pelo pioneirismo na separação sistemática dos lixos orgânico e reciclável, coisa que hoje é rotina entre os vizinhos. A falsa modéstia nos impele a dizer que se trata de uma contribuição simples que não custa nada.

E, assim, chegamos ao busílis. Onde? Busílis, caro leitor, o xis da questão ou, para simplificar, o assunto da crônica: o custo de salvar o planeta ameaçado pelas emissões descontroladas de carbono, pelo uso excessivo e descarte irresponsável de materiais resistentes à degradação e outros desatinos fartamente denunciados por ambientalistas. Sim, sim, sabemos todos que proteger a Terra não tem preço, que as futuras gerações sofrerão se não houver mudanças drásticas de atitude, e outros argumentos contrários ao comportamento abominável desta nossa malfadada espécie animal que, desgraçadamente, dominou as outras ou assim pensa. Mas o assunto é outro. É o custo financeiro propriamente dito, porque há um preço a pagar para evitar a tragédia ambiental que se anuncia. E esse preço tem impacto na efetivação de medidas necessárias para a salvação de Gaia.

Afinal, do que se trata, pergunta o leitor apressadinho prestes a trocar este manancial ímpar de informação e cultura por outra bobagem equivalente. O cronista, por acaso, é a favor do aquecimento global? Tá louco, sô! Aqui no Rio de Janeiro o calor já é demais, não precisamos de nem mais um, muito menos dois graus de temperatura. Trata-se, isso sim, de um artigo científico, publicado na prestigiosa revista *Nature Climate Change* por uma equipe internacional de pesquisadores. Eles testaram empiricamente o quanto o comportamento de um grupo é influenciado pelo tempo previsto entre a cooperação e a recompensa por atingir um objetivo comum. Ou seja, o que acontece com a disposição de alguém participar de um esforço coletivo quando a recompensa vai demorar. Os psicólogos tem um nome para isso: gratificação retardada. E tem tudo a ver com a contribuição do bicho homem para as mudanças climáticas.

Os pesquisadores recrutaram quase duzentos voluntários, estudantes da Universidade de Hamburgo, na Alemanha. Os jovens foram divididos em grupos de 6 e informados de que no dia do experimento não se comunicariam, mas teriam de tomar decisões cooperativas com consequências futuras. Cada estudante recebeu 40 euros e, em cada uma de dez rodadas, tinha de investir zero, dois ou quatro euros em uma "conta do clima" destinada a pagar um anúncio em favor da proteção contra mudanças climáticas. O investimento era anônimo, mas o valor investido era do conhecimento de todos.

Se, ao final das dez rodadas, a conta acumulasse pelo menos cento e vinte euros - em média vinte euros por estudante -, cada um deles teria direito a um bonus além do que restava de seus quarenta euros originais. Se o alvo não fosse atingido, a probabilidade de receber o bonus era de somente dez por cento. Foram testadas diversas condições, nas quais os participantes sabiam, no caso de atingirem a meta, qual seria o bonus e quando seria pago. Estas condições caracterizavam ganho imediato ou retardado, para si próprio ou destinado a investir no plantio de árvores capazes de sequestrar carbono, por conseguinte beneficiando as futuras gerações. Em qualquer caso, o que cada um deixasse de investir ficava para si.

Como os estudantes sabiam de antemão qual seria a recompensa por atingir a meta, tinham toda a informação necessária para decidir se arriscariam ou não seu dinheiro pingando investimentos. Sabem qual foi o resultado? Quando havia uma recompensa pessoal, mesmo que retardada em até sete semanas, boa parte dos estudantes se engajou no esforço coletivo. Já quando a recompensa era para as gerações subsequentes, neca de pitibiriba. Nenhum dos grupos foi levado a cooperar de forma a atingir uma meta ambiental de longo prazo que não beneficia os "Eus" e sim os "outros" no futuro. E isso na Alemanha, onde o movimento ambientalista é um dos mais importantes da Europa.

Ou seja, quando se tratava de benefício restrito às futuras gerações, o impulso individual para economizar os 40 euros originais, investindo pouco ou nada, foi mais forte do que a generosidade esperada dos jovens quanto às mudanças climáticas. Cônscios dos resultados pífios obtidos até hoje à custa de conferências festivas e acordos ineficazes, os autores sugeriram que negociações internacionais para um esforço global pelo clima do planeta terão pouca chance de êxito enquanto os únicos benefícios de curto prazo para cada país se limitarem a deixar de gastar dinheiro. Tudo indica ser preciso recompensa ou punição imediatas.

O leitor resmungão esbraveja do lado de lá porque trata-se de uma sugestão muito ampla para um estudo experimental limitado. É possível, mas os resultados são compatíveis com o senso comum sobre a natureza humana. Convenhamos, a generosidade do *Homo sapiens* está longe de ser a regra. E o trabalho foi liderado por uma cientista muito respeitada que também é ativista ambiental. Seu alerta sobre a perspectiva real de sucesso dos esforços atuais para evitar as mudanças climáticas parece digno de atenção.

Afinal, se jovens estudantes de uma das mais importantes universidades alemãs se comportam desta forma, o que esperar dos dignitários de países com interesses divergentes ou conflitantes? O estudo ressalta a fragilidade da aposta na gratificação retardada. Em outras palavras, o problema é que, como dizem os cínicos, a longo prazo estaremos todos mortos.

Aves do paraíso

A revista *National Geographic* publicou uma reportagem sobre as expedições do ornitologista Edwin Scholes e do biólogo e fotógrafo Tim Laman que, num período de oito anos, visitaram dezoito vezes a Oceania e, com o auxílio de suas quase quarenta mil fotografias, documentaram todos os tipos conhecidos das chamadas "aves do paraíso".

São cerca de quarenta espécies de pássaros encontradas apenas na Nova Guiné e numa região costeira do leste da Austrália. O artigo encanta pela beleza das fotografias, mas também desperta admiração pelo espírito aventureiro dos pesquisadores. Estes se embrenharam por matas tropicais densas, desde o litoral até áreas situadas a mais de três mil metros de altitude. Passaram sufocos, tais como panes em barcos durante incursões ao longo da costa, inundações e viagens tempestuosas de helicóptero. Tim Laman chegou a escalar árvores a cinquenta metros de altura, para fotografar diretamente ou instalar câmeras automáticas destinadas a obter imagens de rituais de acasalamento.

A imagens são deslumbrantes. Estas aves têm plumas de formas e cores diversas e muitas possuem apêndices bizarros, os quais podem ser movimentados de modo a exibir outras plumas ainda mais esdrúxulas. Características assim marcantes servem essencialmente para o exibicionismo típico dos rituais de acasalamento e são encontradas apenas nos machos, como de hábito na natureza. Exceto entre nós, humanos nos quais, com perdão do desfaçado machismo, beleza exuberante é privilégio das estimadas leitoras. Pensando bem, comportamento semelhante em tais circunstâncias também é comum entre os machos de nossa espécie.

Aquele festival de cores facilita muito a atração das fêmeas; por outro lado expõe os machos da espécie a predadores. Entretanto, o autor argumentou que a persistência deste comportamento nas aves provavelmente se deve à abundância de alimento e relativa ausência de predadores naquela região. Assim, parece haver pouco risco no exibicionismo exacerbado dos machos das aves do paraíso.

As plumas coloridas são, há milênios, usadas como adornos ou objetos de decoração na Ásia. Para impressionar compradores europeus no século XVI, caçadores removiam previamente as asas e as patas das aves para enfatizar as preciosas plumas. Essa barbaridade teria inspirado a idéia de que tais pássaros seriam literalmente divinos, capazes de flutuar na bruma paradisíaca sem jamais precisar pousar.

Então, para não perder o saudável hábito de tresvariar um pouquinho, confesso que a bárbara mutilação destas aves magníficas não me pareceu, no fundo, muito distinta do que fazem caçadores de espécimes humanos raros. A exploração de atributos vendáveis, como o talento de uma cantora ou de um instrumentista, a estampa atraente de um ator, ou a habilidade de um atleta profissional mimetizam, de certa forma, o drama que foi protagonizado há cinco séculos pelos pássaros da Oceania. Homens e mulheres são também privados de traços pessoais desinteressantes ou invendáveis, como suas personalidades verdadeiras, para que seus talentos comercializáveis se tornem lucrativos. Quando não o fazem a si mesmos, sucumbindo à ânsia de sucesso e fama, deixam que outros lhes arranquem pedaços para saciar a ganância de empresários e até de familiares, bem como a avidez da sociedade por ídolos ou heróis. Tais desejos, na verdade, nunca são plenamente satisfeitos e muitas vezes acabam por arruinar gente como Billie Holiday, Jim Morrison, Jimi Hendrix, Kurt Cobain, Marilyn Monroe, Michael Jackson e outras tantas dentre as "aves do paraíso" mais expressivas da nossa espécie.

O espalhamento da desordem

Há alguns anos a TV brasileira mostrou cenas de voluntários roubando donativos enviados a vítimas de chuvas torrenciais. Combinando justa indignação com razões bem fundamentadas, cientistas sociais e cidadãos comuns comentaram que a corrupção reinante no meio político, aliada a um desgaste histórico de vínculos sociais, à prevalência do malfadado desejo de levar vantagem em tudo e à sensação de impunidade generalizada explicariam atrocidades como aquelas.

Patifarias de todos os tipos e tamanhos, em todos os setores da República, continuam a ocorrer. Apesar de não ser cientista social, uma leitura casual que fiz, na mesma semana do roubo dos donativos, chamou minha atenção. Aquela leitura me faz crer que algo precisa ser acrescentado ao debate sobre as razões que alimentam a degradação ética, a corrupção e a impunidade que nos assolam.

Trata-se de um artigo escrito por cientistas holandeses, publicado em 2008 na *Science*, uma das mais respeitadas revistas científicas do planeta, e se chama "O espalhamento da desordem". Lá está demonstrado que sinais de desordem urbana provocam comportamentos anti-sociais que incluem não apenas mais desordem, mas até mesmo crimes tipificados.

Foi um teste da chamada "teoria da janela quebrada", segundo a qual sinais de descaso em locais públicos estimulam outros deslizes, contravenções e crimes. Esta teoria é aplicada na administração pública onde, por exemplo, prefeituras regularmente reprimem, punem e limpam, consertam ou cobram providências sobre pixações, sujeira ou lixo jogado nas ruas ou danos conspícuos nas fachadas de residências. Em suma, combatem firmemente o desleixo, desvios de conduta ou pequenas contravenções que parecem se esgotar em si mesmas, porém estimulam a prática de novas contravenções e crimes mais sérios.

Parece trivial, e já a prezada leitora deve estar a lembrar-se de lugares comuns, como "o que vale é o exemplo" ou "as más companhias levam ao comportamento desregrado". Também acho, mas não se trata de "achar". A verdade é que não há consenso sobre se sinais de desordem urbana contribuem como causa ou são mera consequência da concentração de delitos em um determinado bairro ou cidade. A dúvida tem fundamento, pois coincidência ou correlação de eventos não demonstram o que é causa e o que é consequência. Grande parte de nossas crenças acerca do comportamento humano no dia-a-dia não passa disso mesmo: crenças, muitas das quais derivadas de viés ideológico.

Então, o que os cientistas holandeses fizeram foi testar empiricamente a hipótese de que pixações e lixo nas ruas conduzem a comportamentos anti-sociais e ao crime. Eles conduziram seis experimentos distintos, em locais de pouco movimento na cidade de Groningen. Ali, observadores ocultos contabilizaram os transeuntes que cometiam deslizes em uma determinada situação, comparando os números dos que o faziam quando o ambiente estava limpo e ordeiro, com os que o faziam quando havia pixações, lixo largado ou objetos deixados em locais impróprios na mesma área.

Incidentalmente, as pixações eram grosseiras, nada a ver com a arte do grafiteiro Keith Haring no metrô de Nova Iorque, ou com as mensagens murais do famoso Profeta Gentileza no Rio de Janeiro. Os próprios pesquisadores mantinham cada área de teste limpa e ordenada ou suja e desordenada para avaliar o efeito apenas destes condicionantes sobre o comportamento dos transeuntes. Os resultados foram dramáticos.

Em todos os casos, a percentagem dos que, por exemplo, ignoravam uma placa de proibição de trânsito por uma passagem ou atiravam lixo no chão foi muito maior quando, tudo o mais mantido igual, havia pixação na parede, papéis no chão ou, em um dos casos, carrinhos de compras largados no estacionamento de um supermercado próximo a cartazes solicitando a devolução dos carrinhos.

Sinais de desordem urbana levaram até mesmo a roubos. Esses foram constatados pela contagem dos transeuntes que furtavam um envelope contendo conspicuamente uma nota de cinco euros, mal introduzido em uma caixa de correio, a qual podia estar pixada ou não. As diferenças não foram triviais e também não se tratava de números pequenos, atingindo até 4 em cada 5 transeuntes no caso dos deslizes menores e 25% no caso de roubo! Ou seja, pixação na caixa de correio levou um em cada quatro holandeses a se tornar um ladrãozinho...

E daí? Daí que este estudo enfatiza a importância de um elemento particular, em meio ao debate sobre as razões do descalabro ético que atravessamos: a tolerância com que a sociedade brasileira se acostumou a tratar pequenos desvios de conduta do dia-a-dia. "Ah, eu vou parar o carro em fila dupla só um instantinho..."; "Ora, se eu não urinar na pilastra, onde é que eu vou me aliviar?"; "Não tem lata de lixo, então eu tenho que jogar o papel no chão..."; "A fila está muito longa, vou dirigir pelo acostamento...". "Já que não tenho vez, vou pixar a parede do prédio de quem não tem nada a ver com isso...".

Este tipo de comportamento, frequentemente, é considerado um testemunho da informalidade, bom humor, esperteza e "jogo de cintura" de nós, brasileiros. Justifica-se a impunidade dos pequenos delitos porque, afinal de contas, se os grandes contraventores, ladrões e assassinos não são punidos, então por que punir os pequenos? Mas aquela pesquisa sugere que horrores como o roubo de donativos de vítimas de enchentes e, provavelmente, crimes mais graves, bem como todo um cenário de desprezo pelo bem público e pelos outros em geral giram em torno de um círculo vicioso.

Sua face mais escabrosa se encontra lá em cima, com a irresponsabilidade, impunidade e cinismo reinantes nos meios políticos e nas classes dominantes, mas o círculo é francamente alimentado cá embaixo por nossa proverbial tolerância para com os pequenos deslizes do dia-a-dia. E soluções para isso nada têm a ver com intolerância, excesso de rigor ou truculência. Têm a ver com limites. E o que nos falta, em todas as esferas, todas mesmo, são limites.

Cobra voadora e outros bichos

De vez em quando passa na televisão um filme de ação chamado "Serpentes a bordo". Esse filme serve de prelúdio para nossa crônica. De antemão advirto que até eu, que jamais pagaria para ver um troço com um título desses, descobri na Internet o que acontece até o final. Mas prometo não estragar o programa de quem ainda planeja assisti-lo.

A película conta a história de um incidente num avião, no qual um policial levava a única testemunha de um crime, para depor em um tribunal de Los Angeles. Sabendo da viagem e do depoimento, o criminoso dá um jeito de enfiar na aeronave um caixote contendo quinhentas cobras venenosas, equipado com um temporizador de abertura. No meio do voo as cobras são liberadas para atacar os passageiros, tripulantes e pilotos, a fim de derrubar o avião. E por aí vai. Este filme rendeu ao ator principal, Samuel L. Jackson, um prêmio na Alemanha com o inusitado nome de "Bambi", pela excelência de suas atividades. Convenhamos, conseguirão os prezados leitores reprimir uma certa estranheza ao associar o Samuel L. Jackson de "Febre na selva" e "Pulp fiction" a um prêmio chamado...Bambi?!

Seja como for, a crônica não é sobre as cobras do filme, que viajaram no compartimento de carga, e sim sobre uma cobra solitária que fez sua primeira e única viagem aérea do lado de fora de um avião. Pois os passageiros de um turbo-hélice da empresa australiana Qantas, que faz a rota da Austrália para a Nova Guiné, testemunharam, fotografaram e filmaram com seus celulares a saga de uma píton de três metros de comprimento que, sabe-se lá por que cargas d'água, pendurou-se na asa do avião antes da decolagem e acabou sendo carregada por oitocentos quilômetros até chegar, morta é claro, ao aeroporto de destino.

A píton, que não é venenosa e subjuga suas presas com um afetuoso abraço que comprime e esmaga as vítimas, talvez sofresse de inveja patológica e, por isso, aproveitou a única oportunidade que encontrou de voar tal como as chamadas "cobras voadoras" propriamente ditas, as quais existem no sudeste da Ásia. Essas cobras sobem ao topo de galhos de árvores bem altos e de lá se atiram de forma a chegar a outras árvores ou ao solo. Na verdade também não voam, mas planam no ar. Ou então, a pobre píton australiana estava apaixonada por outra que morava na Nova Guiné. A paixão leva qualquer animal a fazer coisas do arco da velha, né?...

Mas, em matéria de bichos voadores esquisitos, meu predileto ainda é o boi. Aquele imortalizado em uma marchinha carnavalesca do Chico Buarque, com a letra "quem foi, quem foi, que falou do boi voador...", escrita para a peça "Calabar, o elogio da traição". A marchinha do Chico foi inspirada na história real do boi voador, que se passou, em pleno domínio holandês, na Recife do século XVII.

Consta que o Governador, Almirante e Capitão-General das propriedades da Companhia das Índias Ocidentais no Nordeste do Brasil, o conde Mauricio de Nassau, andava meio desacreditado por sua promessa de construir uma ponte sobre o rio Capibaribe. O povo troçava que era mais fácil um boi voar do que o conde construir a ponte. Pois Nassau não só conclui a ponte como, no dia da inauguração, armou uma farsa espetacular, fazendo com que um boneco de couro estofado com palha, no formato de um boi, parecesse voar do alto de uma construção no jardim palaciano. Na verdade, o boneco era movido por um conjunto de cordas e roldanas manipuladas por marinheiros holandeses. Porém, o anúncio prévio de que o mauricinho faria um boi voar atraiu uma multidão para a ponte, cuja travessia implicava pagamento de pedágio, o que produziu renda suficiente para cobrir prejuízos do conde com a construção.

Por aí se vê que vem de longa data essa desagradável sensação de que insignes governantes, de locais que não convém identificar para evitar represálias, ocasionalmente produzem bois de palha em lugar dos verdadeiros ruminantes, só para o povo ver de longe. Será, então, apenas um delírio imaginar que o prefeito da pacata cidade de Cairns, no nordeste da Austrália, de onde saiu o voo no qual a desgraçada píton pegou carona, teria armado esta triste história do ofídio voador? Aqui pra nós, como as autoridades australianas ainda não descobriram de que jeito o bicho foi parar na asa do avião, não se pode descartar esta hipótese. Se foi assim, pelo menos o alcaide poderia ter feito a caridade de mandar pendurar uma cobra empalhada, como cá fez o Conde de Nassau.

Deslizador de canalhas

Há algum tempo a revista eletrônica do *Smithsonian Institute* divulgou a invenção, por cientistas do afamado Instituto Tecnológico de Massachusetts, de uma substância denominada *LiquiGlide*, algo assim como "deslizador de líquidos". Quando aplicada ao interior de um recipiente, o *LiquiGlide* impede que o conteúdo grude na parede fazendo com que, por exemplo, ketchup ou maionese escorram do vidro suavemente, sem necessidade de espancar o fundo do frasco. Segundo os inventores, o produto é feito inteiramente de componentes naturais, não-tóxicos e aprovados pela FDA, a agência americana que regula a comercialização e uso de remédios e alimentos nos Estados Unidos.

Saiba o leitor impaciente que a quantidade de condimentos desperdiçados no lixo, por permanecerem grudados no recipiente, foi estimada em cerca de um milhão de toneladas por ano! Ou seja, em tempos de crise econômica e preocupação ambiental, a inovação patenteada pelos *nerds* americanos não é de se jogar fora.

Parece muito promissor, embora ainda seja cedo para saber se vai mesmo chegar às prateleiras. De fato, leitores da revista expressaram ceticismo quanto à segurança do material, acusando a FDA de ceder a lobistas. Por outro lado, alguém sugeriu que as empresas não vão se interessar pela invenção, porque desperdício pelo consumidor leva a mais vendas e, por conseguinte, mais lucro. Mas eu fiquei encantado. Nem tanto por ketchup ou maionese, mas por lampejos de otimismo quanto à popularização de algo assim para outros fins.

Senão, vejamos. Imagine aquele encontro casual com um dos mais obstinados chatos de suas relações, do tipo imortalizado pelo escritor Guilherme Figueiredo em seu livro "Tratado geral dos chatos". Daqueles de quem não se pode escapar, pois às vezes é parente, seu ou do cônjuge, afilhado da sogra, sei lá. Quem sabe uma discreta borrifada de *LiquidGlide* no sapato dele não traria a você a paz tão desejada? E, por gentileza, poupe o cronista de ameaças...

Pois chego a sonhar com teco-tecos multicoloridos despejando, com precisa pontaria, galões de *LiquiGlide* em prédios públicos e privados, empresas, sindicatos, escritórios, repartições, palácios de cada um dos três poderes, fazendo escorregar para bem longe um monte de patifes que permanecem grudados em inúmeros recipientes desta crédula nação, sob o olhar estarrecido de alguns e a passividade bovina de muitos, a pilhar butins intermináveis, a mentir falando ou calando, a desmoralizar instituições e a dissolver uma esperança no futuro, tão proclamada em discursos e solenidades, porém tão ameaçada por aqueles canalhas asquerosos que, dia após dia, não soltam das paredes nem batendo com força no fundo do frasco.

Precisamos, com urgência, de um *LiquiGlide* ético e moral.

Como explicar as avós

Muitos mistérios da evolução humana ainda não foram resolvidos. Em boa parte porque não testemunhamos os acontecimentos propriamente ditos, ocorridos ao longo de milênios. Além disso, não se pode testar hipóteses como faríamos em outros campos científicos, modificando condições de modo controlado em laboratório e examinando os efeitos. Porém, aprende-se muito sobre o assunto a partir de inferências e modelos.

Na *Smithsonian Magazine*, foi comentado um estudo da antropóloga Kristen Hawkes, da Universidade de Utah, sobre a chamada *grandmother hypothesis* ("a hipótese da avó"). Esta teoria procura explicar por que existe menopausa na espécie humana. Enquanto as fêmeas da maioria dos animais, incluindo outros primatas, em geral envelhecem e morrem ainda em plena capacidade reprodutiva, as humanas podem viver mais da metade do total de suas vidas após a menopausa. E muito bem. Então, que vantagem evolutiva terá a menopausa oferecido à espécie humana para continuar existindo?

Hawkes vem, há mais de quinze anos, argumentando que uma boa razão para a menopausa na meia idade é o valor evolutivo das avós. Não quaisquer avós, mas principalmente as que não mais procriam. Essas, segundo a pesquisadora, contribuíram decisivamente para o sucesso evolutivo e para a longevidade da espécie humana. E por que? O argumento começa com a constatação de que, pelo fato dos infantes humanos dependerem de suas cuidadoras para a sobrevivência durante um bom tempo após o nascimento, cada novo filho diminui a chance de sobrevivência dos anteriores, pois a mãe se ocupa demais cuidando e alimentando o recém-nascido. Isso, é claro, sem contar babás, mamadeiras e indústrias alimentícias especializadas, porque estas não existiam na maior parte da evolução até muito recentemente.

E é aí que entram as avós. Com grande frequencia, estas já passaram pela menopausa e, portanto, estão livres, leves, soltas e...disponíveis para ajudar a alimentar e cuidar dos netos mais velhos. Com isso aumentam as chances de sobrevivência desses infantes e, ao mesmo tempo, o efeito positivo do período pós-menopausa teria favorecido também a fixação de maior longevidade como característica de nossa espécie. É essa a idéia geral.

A esta altura já vejo inúmeras avós a vociferar contra minha audácia em botar idéia de jerico nas suas filhas grávidas – como se fosse necessário alguém sugerir, por escrito, aqueles pedidos dengosos de "mãe, você pode ficar com o Juquinha hoje, heeeiiin?". E, pior, uma turba de pais enfurecidos, bradando que ajudam, trocam fraldas, acordam no meio da noite, seguram mamadeiras, levam o bebê para a creche... Tá certo, sois todos heróis, mas sossegai e lembrai-vos de que não estou aqui para queimar o vosso filme. É apenas uma conversa amena sobre evolução da espécie.

Outros cientistas reclamam que a hipótese da avó tem pontos fracos e, como vocês leram lá em cima, não dá para usar métodos experimentais como se faz para verificar se um medicamento funciona do jeito que se pensa. Em vista disso, para testar a relação entre menopausa, avós e longevidade de uma espécie, Hawkes recorreu à simulação em computador, com a colaboração de um matemático especializado em problemas biológicos.

Eles partiram de um modelo teórico das características de um primata que vive cerca de 40 anos, o chimpanzé. Neste modelo adicionaram, a apenas um por cento da população, uma predisposição genética para vida mais longa e a ocorrência de menopausa. Daí, rodaram a simulação no computador por uma série de gerações equivalentes a um período de sessenta mil anos. O resultado foi que o primata passou a "viver" várias décadas após a época prevista para a menopausa e, eventualmente, mais de quarenta por cento das fêmeas adultas da população tornaram-se avós. Em outras palavras, a introdução da menopausa, aos poucos, acrescentou simultaneamente as avós e a longevidade pós-menopausa, tudo isso compatível com a teoria de Hawkes.

Não é prova definitiva e aguarda-se os próximos lances dos críticos da teoria. Mas faz sentido, não? Seja como for, há agora mais elementos para se tentar entender por que diabos, logo na nossa espécie, foi acontecer a menopausa, de que tantas mulheres – e muitos maridos – se queixam pelas mais variadas razões fisiológicas e psicológicas.

Quanto às avós, perdoem-me pais e mães, mas se elas realmente são responsáveis por todos estes benefícios, fica mais difícil negar-lhes o sagrado direito de, como escreveu Rachel de Queiroz, "amar o neto com extravagância...oferecer-lhe a sedução do romance e do imprevisto...não ralhar nunca... deixá-lo recusar a sopa e comer croquetes...deixá-lo derramar água no gato e - acima de tudo - dar-lhe sua incondicional cumplicidade"...

    Isto posto, e os avôs? Servem para que, além de babar por escrito feito o Veríssimo, o Zuenir e este que vos fala, aliás com toda a razão? Quem sabe a resposta está na próxima crônica, pois para alguma coisa devem servir.

Pa-ra-le-le-pí-pe-do

- Pa-ra-le-le-pí-pe-do!
- É isso mesmo, querida!
- Pa-ra-le...le...pí-pe-do, pa-ra-le-le-pí-pe-do...

E lá foi ela, toda contente de mão dada com o vovô, até passar por um canteiro.

- Pa-ra-le-le...e essa branquinha?
- Essa? Hmmm, é um azulejo.
- A-zu-le-jo?
- É, azulejo.
- A-zu-le-jo! e essa no chão?
- Essa? É...é...acho que é uma lajota.
- La-jo-ta?
- É lajota.
- La-jo-ta...olha! Olha! É um macaco! Dois! Dois macacos, a mãe e o filhinho!
- Onde, querida?
- Ali no fio, correram para a árvore! Todo dia eles estão aqui e correm para a árvore!

E repetiu...

-Pa-ra-le-le-píí-pe-do!

O vô bem que aprecia, mas não entende bulhufas de pedras, rochas e montanhas. Seus filhos já nasceram com quinze anos de idade, então todas as perguntas e conquistas das netas são inéditas e surpreendentes. E, ao que parece, a primogênita nunca tinha passado pela calçada do outro lado da rua ao voltar da pracinha para casa com o pai e a mãe.

Quando cruzaram uma pequena travessa o avô recomendou cuidado para não tropeçar. Ela olhou para o chão e perguntou "como é o nome dessa pedra?". Para ser franco, azulejo e lajota foram depois improvisados e são incertos, mas o vovô nasceu num tempo em que havia inúmeras ruas de paralelepípedos no bairro onde morava. E paralelepípedo tem personalidade, não é qualquer ruazinha por aí que é pavimentada com pedras de sete sílabas. Naquele pedaço pacato do bairro há essa abençoada travessa, que deu ao vô o privilégio de ensinar à primeira neta a primeira proparoxítona. A outra netinha, menor, já ia alguns metros adiante no colo da vovó mas, do jeito que presta atenção em tudo que faz a irmã, já devia estar a murmurar "pa-ra-le-le...".

Um par de horas depois, os pais chegaram do trabalho e fomos todos almoçar num restaurante próximo. Em meio à algazarra, a menorzinha entretida com as traquinagens habituais, o vô numa ponta da mesa provocou a neta maiorzinha do outro lado "conta pra mamãe e pro papai o nome daquelas pedras que você viu na rua hoje". E ela, toda toda, interrompeu a trajetória da batatinha frita que estava a meio caminho, sorriu com certa condescendência e mandou "pa-ra-le-le-pí-pe-do!", abrindo um sorriso largo, seguido por efusivos louvores de papai e mamãe. A menina respirou fundo e voltou à batatinha.

O vô, que é professor, já experimentou inúmeras alegrias com alunos, ex-alunos, ou qualquer um que lhe tenha perguntado alguma coisa e saído satisfeito com a resposta. Mas, cá pra nós, bom mesmo é ensinar a primeira proparoxítona de sete sílabas que uma neta aprendeu. Deve ser para isso que servem os avôs.

Como explicar a lágrima

Nada melhor do que uma boa emoção, né? Então, recordemos o samba "Não tenho lágrimas", composto em 1937 por Max Bulhões, e que foi gravado até pelo cantor norte-americano Nat King Cole com um baita sotaque, começando com "Quero chorar, não tenho lágrimas, que me rolem na face pra me socorrer..." e lá pras tantas com o encantador verso "...a lágrima sentida é o retrato de uma dor".

Pois a crônica trata de lágrimas. E, como tudo que se refere à natureza humana, há crenças, muitas das quais sólidas e coerentes, mas que carecem de prova de sua veracidade. Por exemplo, é generalizada a idéia de que lágrimas são percebidas pelos outros como um sinal de tristeza. No entanto, o psicólogo Robert Provine, da Universidade de Maryland, publicou na revista *Evolutionary Psychology* um artigo em que comentava a inexistência de prova formal desta idéia e, por isso, testou-a empiricamente.

O pesquisador recrutou oitenta voluntários para, simplesmente, examinar fotografias de rostos e escolher, para cada foto, um valor para descrever o grau de tristeza expresso naquele rosto, numa escala de 1 (nada triste) a 7 (extremamente triste). Um dos grupos de fotos era composto de adultos ou crianças chorando de tristeza, outro era das mesmíssimas fotos nas quais apenas as lágrimas foram removidas por meios digitais. A questão era se a presença das lágrimas na foto facilitaria o reconhecimento de tristeza quando comparado à mesma expressão facial sem as lágrimas. E, como esperado, os observadores reconheciam mais facilmente tristeza nos rostos com lágrimas. Acreditem, foi a primeira vez que se testou cientificamente a hipótese de que as lágrimas de outrem provocam a percepção da tristeza.

E a prova era necessária porque o papel das lágrimas é importante para entender as interações sociais. Por exemplo, o cientista obteve informações sobre consequências, para a capacidade de expressão emocional, de uma doença na qual os pacientes não vertem lágrimas, chamada síndrome do olho seco. Para ter uma idéia da complexidade deste assunto considere que bebês recém-nascidos, os quais atraem atenção com facilidade ao se esgoelar desde os primeiros minutos de vida, só começam a verter lágrimas, no duro, 1-2 meses depois do nascimento.

Mas, então, de que servem as lágrimas, se o choro seco já é suficiente para alertar um protetor? Sabe-se que o fluido lacrimal protege os olhos, mas esta função não corresponde a nenhuma emoção. A secreção lacrimal é contínua, basta piscar para lavar a superfície da córnea e, em caso de lesão, a secreção aumenta provocando um lacrimejamento que parece, mas não é tristeza.

Quem cai em prantos no cinema deve atentar para o fato de que lágrimas de tristeza interessam a muito mais do que escritores, atores e poetas. Por exemplo, o antropólogo Ashley Montagu especulava que o choro com lágrimas teria persistido ao longo da evolução por combater o ressecamento das mucosas. O raciocínio dele foi de que, como o ressecamento favorece infecções no longo período inicial de dependência dos infantes humanos, as lágrimas confeririam uma vantagem adaptativa que se fixou como característica herdada dos antepassados do homem moderno.

Há cento e quarenta anos, Charles Darwin – ele mesmo – sugeriu que certos comportamentos expressivos inicialmente cumprem outras funções antes de se tornar sinais de emoções. Recentemente, cientistas do Instituto Weizmann, em Israel, se interessaram pelo assunto por saber, entre outras coisas, que a composição química das lágrimas de emoção é diferente das lágrimas consequentes à irritação da córnea. Decidiram, então, testar se as lágrimas vertidas por alguém sob forte emoção contém algum sinal químico com consequências biológicas para outrem.

Os pesquisadores coletaram lágrimas de mulheres que choraram aos borbotões ao assistir, isoladamente, a filmes tristes. E também coletaram, para comparação, soro fisiológico rolado pelas bochechas das mesmas voluntárias. Pediram, inicialmente, a homens que cheirassem os dois líquidos. Ninguém percebeu diferença de odor entre as lágrimas e o soro fisiológico. Depois, grudaram entre o lábio superior e o nariz dos homens uma almofadinha molhada com lágrimas ou com soro fisiológico e pediram aos voluntários que, na presença da almofadinha com um ou com o outro líquido, avaliassem o quanto a fotografia de um rosto feminino lhes despertava desejo sexual. Os homens não tinham presenciado nenhuma das doadoras chorar, nem sabiam qual dos líquidos estava sendo testado na almofadinha em cada ocasião. Pois na presença das almofadinha com as lágrimas os homens manifestaram menos desejo do que na presença das almofadinha com o soro fisiológico.

Para se certificar de que estas respostas subjetivas eram confiáveis, foram feitas medidas da quantidade de hormônio masculino na saliva e até observações, por ressonância magnética funcional, da atividade cerebral em regiões associadas com a sexualidade. Todos os testes objetivos foram compatíveis com a diminuição do desejo nos homens, indicando que lágrimas de emoção contém uma substância química que sinaliza desinteresse sexual.

O significado destes resultados para as interações sociais ainda é incerto, mas os cientistas israelenses chamam atenção para o fato de que, na cultura ocidental, é comum a exposição às lágrimas alheias em estreita proximidade, quando abraçamos alguém que chora de tristeza e respiramos profundamente com nossos narizes muito próximos às bochechas da pessoa triste. Essa é a situação ideal para a transmissão dos sinais químicos descobertos pelos cientistas israelenses e suas implicações merecem reflexão.

Para terminar, deixo-vos com uma controvérsia. Há alguns anos corre pelo mundo a crença de que elefantes choram de tristeza. Porém, muitos cientistas são céticos em relação a isso. É preciso, antes de mais nada, perceber que *manifestar* tristeza e *chorar* de tristeza não são a mesma coisa. Nem todas as lágrimas são iguais, especialmente quando se comparam animais distintos. Mas as descobertas recentes, de que nas lágrimas há mais até do que os grandes poetas nos ensinaram através dos séculos, ressalta a importância de entender os fundamentos de nossas crenças sobre manifestações emocionais, pelo impacto que têm sobre o comportamento humano.

Camundongos cantores

Muitos biólogos estudam os mecanismos do canto nas aves. Por exemplo, o cientista Fernando Nottebohm, da Universidade Rockefeller fez, há muitos anos, descobertas notáveis sobre a relação entre o aprendizado do canto de pássaros e os circuitos cerebrais, bem como sobre o papel da geração de novas células nervosas em animais maduros. Mas pássaro cantar não é novidade. Já camundongo cantar é outra história.

Na Universidade do Texas, um pesquisador chamado Steven Phelps vem, há anos, estudando um roedor que vive nas montanhas da Costa Rica e se parece com um camundongo cotó. Exatamente, caro leitor, quem se parece com um camundongo cotó não é o cientista, é o roedor. O tal bicho, apelidado "camundongo cantor", emite sons que lembram o canto de pássaros, embora não tão elaborados, e os usa para comunicação com outros da mesma espécie. Assim, mais ou menos, como fazem compositores famosos, adolescentes apaixonados e adeptos de *camping*. Com variados graus de competência e de sucesso.

O cientista investiga a genética desta habilidade, procurando entender como certos genes conferem ao roedor a capacidade de "cantar" que é, de certa forma, uma linguagem. Além do interesse biológico, os resultados da pesquisa poderão, no futuro, ajudar a compreender a natureza de distúrbios da comunicação humana, como os que ocorrem, por exemplo, em certos casos de autismo.

Pode parecer uma peculiaridade das montanhas da América Central, mas camundongo cantar já está ficando mais comum em centros de pesquisa. O pesquisador Takeshi Yagi criou, há algum tempo, um projeto de "evolução de camundongos em laboratório". Funciona assim: Yagi e seus colaboradores cruzam grandes números de camundongos e observam os efeitos na prole. Quando aparece um filhote com uma característica nova, ele é selecionado para formar uma colônia separada e passa a ser estudado pelo grupo. Em meio a um montão de crias, apareceu um camundongo que emite sons parecidíssimos com o chilrear de pássaros. Os pesquisadores, então, expandiram a colônia a partir de filhotes que foram nascendo sucessivamente e também "cantavam". Agora estão destrinchando a genética por trás desta característica, na expectativa de que o uso destes animais ajude a identificar mecanismos que levaram à evolução da linguagem nos humanos.

E, quem sabe, talvez essa pesquisa também ilumine um problema que nos aflige no dia-a-dia: a praga de compositores e cantores de ocasião que assola a combalida música popular brasileira. Esse flagelo só pode ser resultado de uma mutação genética parecida com aquela que subverteu os camundongos japoneses e, provavelmente, também o roedor costarriquenho. Aqui do telhado, portanto, torcemos pela invenção de métodos eficazes para combater o risco de mais uma criatura esdrúxula começar, de uma hora para outra, a cantar preciosidades do tipo "ai, se eu te pego no tchu ou no tchan...". Mãos à obra cientistas!

Caca de dinossauro

Há muito tempo passei uma temporada como pesquisador visitante na *Purdue University*, no meio-oeste dos EUA, na qual uma das principais áreas de pesquisa é a de Ciências Agrárias. Aproveitando os equipamentos e a tecnologia disponíveis nos ricos laboratórios e nas fazendas experimentais, lá estavam muitos cientistas e técnicos brasileiros, a maioria da Embrapa. Um deles era o Augusto, um mineiro grandalhão, bonachão e sempre bem-humorado. Ele era aluno de doutorado em Zootecnia e voltaria ao Brasil depois de defender sua tese. Para isso, como parte do trabalho, coletava amostras de fezes bovinas para analisar os efeitos de diferentes alimentos sobre o melhoramento do gado.

Nas horas vagas, entre outros causos, Augusto contava que seu avô, já bem idoso, ao saber a quantas andava o neto predileto lá pelas bandas da América do Norte observou "tantos anos de estudo naquela lonjura pra cavucar bosta de vaca? Podia fazer isso aqui mesmo no interior de Minas, uai!". Apesar da decepção do velhinho, o fato é que se trata de um nobilíssimo objeto de pesquisa científica. E o caro leitor pensava que algo ser uma caca era apenas uma desqualificação do algo. Todos sabemos, é claro, que verminoses e outras doenças, algumas muito mais graves, são diagnosticadas através do velho e prosaico exame de fezes. Mas não se resume a isso o charme dos restos de refeições, sejam essas as mais sofisticadas *Saint-Jacques et ravioles à la truffe d'Alba* do *Tour d'Argent* em Paris, ou os impiedosos croquetes do botequim do Seu Agostinho, lá na velha

Faculdade de Medicina da Praia Vermelha. Pelo contrário, o interesse pela malfadada bosta recua até o tempo dos dinossauros.

Pois a equipe do geobiólogo argentino Lucas Fiorelli descobriu que não apenas mamíferos, mas gigantescos herbívoros pré-históricos defecavam em áreas restritas, e isso mais de duzentos milhões de anos antes do que se pensava. O assunto ganhou notoriedade na imprensa mundial, em geral apresentado como "a descoberta do banheiro coletivo mais antigo do mundo". Mas, como foi a pesquisa e o que significa para a Ciência, o cotidiano, o cronista e seus leitores?

Fiorelli e seus colegas encontraram, em oito locais diferentes no noroeste da Argentina, um número enorme de peças chamada *coprólitos*, que são nada menos do que pedras compostas por fezes, nesse caso endurecidas por cinzas vulcânicas. Os coprólitos preservam tudo o que está no seu interior, como cadáveres de microorganismos, restos de vegetação e outros materiais ingeridos na alimentação do bicho produtor daquelas fezes. Quando se trata de um carnívoro encontra-se, em geral, fragmentos de ossos. A análise cuidadosa destes pedregulhos, sua composição, quantidade, distribuição e tamanho das peças individuais, bem como a identificação de ossadas de animais encontradas nas proximidades, aliados a conhecimentos geológicos, permitem entender a evolução de ecossistemas na região estudada, bem como inferir quais foram os produtores, seus hábitos alimentares e sociais.

Sabe-se que várias espécies de mamíferos selvagens, principalmente grandes herbívoros, costumam defecar em áreas restritas conhecidas como latrinas comunitárias, evitando faze-lo na maior parte de seus territórios. Isso resulta na prevenção de reinfestação por parasitas, ajuda na defesa contra predadores e, presume-se, também na reprodução e comunicação entre os animais. Mas esses "aposentos" são muito raros em registros fósseis: os mais antigos eram datados de menos de 3 milhões de anos atrás e correspondem a carnívoros. Os pesquisadores argentinos descobriram grande concentração de coprólitos em cada sítio e a análise do material indica que veio de animais vegetarianos de grande porte – provavelmente dinodontossauros de até três toneladas de peso - com comportamento gregário, isto é, que vivem em bando. E, mais importante, mostraram que latrinas comunitárias existiam, para certas espécies animais, há mais de duzentos e vinte milhões de anos.

Nesta área de pesquisa, a datação de alguma característica tão mais antiga do que se pensava é uma descoberta importante. Não é, portanto, de se estranhar a publicidade que ganhou, embora a tentação de escrever qualquer coisa sobre "o banheiro mais antigo do mundo" deva ser irresistível para qualquer reporter ou editor de jornal. Pior, como de hábito, um cronista destrambelhado não resiste à tentação de dizer alguma coisa ainda mais inoportuna. Pois lá vai.

Para começar, não custa ressaltar que animais vegetarianos com três toneladas de peso de certa forma absolvem os gordinhos que gostam de visitar uma boa churrascaria, não é mesmo? E para terminar, a reiterada demonstração de que animais exibem, instintivamente, a capacidade de fazer suas necessidades em lugares restritos e designados para isso, agora acrescida de bicharocos que viveram há tanto tempo, condena definitivamente humanos ditos normais, bem barbeados e vestindo roupinhas de grife que, conscientemente, insistem em – sejamos finos e educados - despejar seus resíduos orgânicos de comida ou bebida pelas ruas e becos, coisa que nem os dinodontossauros faziam com sua caca há mais de duzentos milhões de anos.

Ora, pipocas

Pouca gente resiste à tradição de comer pipoca no cinema. Ou amendoim, balinha, chiclete, pão de queijo, sabe-se lá frango assado. Mas, se é no cinema tudo se enquadra na categoria pipoca. Em geral é consumida no começo da sessão, durante os comerciais e dura pouco depois do início do filme, exceto quando o pacote é jumbo. O curioso é que ninguém percebe a seriedade da velha e boa pipoca. Por isso, preparem-se para os quinze minutos de fama deste indispensável item da culinária universal.

Que o digam os nativos do sudoeste dos Estados Unidos e do México, que já a consumiam em tempos pré-históricos. Alguém da tribo descobriu que, ao aquecer certas variedades de milho, os grãos explodem numa polpa fofinha, branca ou amarelada. Isso acontece porque nestas variedades a superfície é impermeável ao vapor resultante da fervura da umidade interna do grão. Eventualmente a pressão do vapor quente arrebenta a casca e...pop! Já os tipos que se come na espiga não explodem. Como se diz por aí, nem todo milho vira pipoca. Como, minha senhora? Ninguém diz isso? Então digamo-lo a partir de agora.

Engana-se quem pensa que acabou a Ciência. Pelo contrário, jornais noticiaram que pipoca no cinema deixa o espectador imune aos reclames no início da sessão. Apreciemos a ironia, já que a propaganda é a alma do negócio inclusive para o pipoqueiro que, de jaleco e barrete brancos, empurra o carrinho enquanto canta "olha a pipóóóóóca...é fresquiiiiiinha...tem a doce e também a salgadiiiiiinha...". Na outra ponta do mundo dos negócios, nos Estados Unidos – onde mais? - há uma organização chamada *Popcorn Board*, ou "Comissão da Pipoca", que gasta um milhão de dólares por ano para difundir o produto, atrair consumidores e expandir mercado externo para a produção de milho. Num quadro desses, quem diria que a guloseima atrapalha a publicidade?

Pois foi isso que um trabalho científico demonstrou. Existe uma revista científica especializada chamada *Journal of Consumer Psychology*, ou seja "Revista de Psicologia do Consumidor". Nela são publicados estudos sérios, bem fundamentados e avaliados por especialistas, acerca do comportamento de consumidores. E foi lá que cientistas da Universidade de Wuerzburg, na Alemanha, publicaram o trabalho intitulado "Pipoca no cinema: interferência oral sabota os efeitos da propaganda".

É senso comum que a mera exposição de um produto induz atitudes positivas em relação à marca. Este efeito é baseado no treinamento da chamada pronúncia subvocal. O que é isso? Toda vez que uma palavra nova é encontrada, há uma tendência do espectador simular a pronúncia da palavra, mesmo sem emitir som com a própria boca. Quando um nome de marca aparece reiteradamente, o sujeito repete a simulação e vai se familiarizando com o produto, queira ou não. Os psicólogos já sabiam que esse treinamento progressivo, do que eles chamam de fluência oral-motora, vai aumentando a sensação positiva em relação àquela palavra, o que explica o sucesso da publicidade repetitiva.

Os cientistas alemães resolveram, então, testar se o consumo de pipoca interfere no treinamento da fluência oral-motora a ponto de prejudicar a propaganda que aparece no início das sessões de cinema. Antes de abandonar esta crônica resmungando, lembre-se o caro leitor de que o assunto está longe de ser uma frescura irrelevante, pois envolve somas astronômicas em vendas.

Os pesquisadores convidaram dois grupos de universitárias para uma sessão de cinema. Na entrada do auditório, um dos grupos recebeu pipoca, o outro grupo recebeu um cubinho de açúcar, que derrete logo na boca embora também forneça calorias. Todos assistiram a uma sessão que começou com anúncios de uma marca de loção ou de uma fundação assistencial que solicita doações, mostrados na tela antes do filme propriamente dito. Os nomes de marca eram todos em outra língua que não o alemão, para evitar familiaridade antecipada. Uma semana depois as estudantes, que ignoravam totalmente os objetivos da pesquisa, receberam, cada uma, quatro euros e foram instruidas a usar dois euros para comprar uma dentre seis marcas de loção e doar o resto do dinheiro para uma dentre seis entidades assistenciais, de livre escolha.

As calouras do cubo de açúcar escolheram, em sua maioria, a marca e a entidade anunciadas na sessão de cinema, enquanto as da pipoca não apresentaram preferência por qualquer marca ou entidade. Em outras palavras, mastigar pipoca durante um comercial anula o efeito da publicidade e os resultados foram atribuídos à interferência oral-motora. Explicações alternativas foram eliminadas por outros testes paralelos.

E ainda houve mais um experimento, no qual foi investigada a chamada "atividade eletrodérmica", aquela coisa que é medida no chamado detetor de mentiras - ou teste do polígrafo - nos filmes policiais, e que revela uma reação emocional do indivíduo ao reconhecer algo que está tentando esconder. No caso da publicidade, o importante é que a mesma coisa acontece quando alguém reconhece um produto familiar, mas não quando vê um produto desconhecido. Os voluntários que comeram o cubo de açúcar mostraram, e os da pipoca não, sinais eletrodérmicos de reconhecer a marca propagandeada, tal como no primeiro experimento.

Essa coisa toda, é claro, importa especialmente para publicitários, já que os leitores daqui para a frente terão todas as informações para se defender da propaganda indesejada, através do uso criterioso da pipoca. Mas dá o que pensar em outras esferas. Por exemplo imagino que, em geral, professores abominam que estudantes comam ou masquem chiclete em sala de aula. Além da proverbial falta de educação, quanto deste consenso se deve à percepção de que a interferência oral-motora prejudica objetivamente o aprendizado? E pipoca no comício, ajuda ou atrapalha o candidato? Será que o telecurso deve ser apresentado no horário do café da manhã? E por hoje chega, pois vejo os leitores se dispersando em busca de pipoca, o que vai seguramente prejudicar o sucesso destas crônicas.

Baratas, me deixem ver suas patas!

Ai que nojo, ouve-se ao longe e imagina-se caretas que nem assim afastam a platéia. E, com perdão de que sente asco perante uma das pragas que assolam a humanidade, há que reconhecer que elas, as baratas, já andavam pelaí muito antes de nossa espécie. Paleontólogos nos ensinam que aqueles insetos já passeavam por nosso planeta há qualquer coisa entre cinquenta e trezentos milhões de anos.

Já o leitor valentão, com a habitual agressividade que não lhe permite confessar seu pavor de barata, pergunta se são cinquenta ou trezentos milhões, ora pombas. A incerteza não é de se estranhar, vai lá escavar, limpar, identificar e datar aquela tralha toda que saiu do mesmo buraco em que se encontrou as baratas... Seja como for, os asquerosos insetos estão por aí desde muito antes de nós. Não admira, portanto, que resistam tão bem aos esforços para exterminá-las, a ponto de gerar o mito de que seriam os únicos seres vivos a sobreviver até mesmo a uma guerra nuclear.

Porém, essa crônica foi motivada pelo burburinho causado por um artigo científico recente, no qual um grupo de cientistas chineses descreveu em detalhes o genoma da barata *Periplaneta americana*, uma das mais comuns aqui no Brasil. O trabalho chamou a atenção principalmente por revelar pistas sobre a resiliência das bichinhas, que desafiam inúmeros métodos, procedimentos, venenos e tecnologias que se usa no mundo inteiro na tentativa de exterminá-las. Certas manobras resultam no sumiço temporário da praga mas, em que pese o efeito protetor de boas práticas de higiene e de limpeza doméstica, eventualmente os insetos retornam e, volta e meia, deixam até de sucumbir a venenos que antes eram eficazes.

O estudo é de fato interessante. Para começo de conversa, o genoma das baratas contém mais de vinte mil genes, número muito parecido com o identificado no genoma dos ilustres leitores. É isso mesmo: em termos meramente quantitativos, vosso honorável genoma não é mais impressionante do que o de uma reles barata. Ainda mais interessante, ou preocupante, é a quantidade enorme de genes "baratais" asociados à detecção do cheiro de alimentos, principalmente fermentados ou apodrecidos, bem como genes que participam de mecanismos de detoxificação, imunidade, reprodução da espécie e, pasmem, regeneração de perninhas das baratinhas jovens que porventura tenham sido arrancados por predadores ou danificadas de alguma forma. Ou seja, o bicho tem um DNA preparadaço para resistir às ameaças de bichos mais recentes, como nossa jovem e imperfeita espécie animal.

Conformem-se, estamos em franca desvantagem nessa guerra. Não admira o apelido da barata em chinês: *xiao qiang*, que no Nordeste do Brasil se traduz mais ou menos como "baixinha arretada". Com todas as honras. Também não é à toa que os chineses, práticos que são, já há muito tempo moem baratas para usar o pó em práticas de Medicina tradicional e, não senhora, não sei quais são e desconfio que poucos ocidentais se sentiriam à vontade para usar o remédio ao ler a bula.

Agora chega. Podem descer da cadeira, que aquela baratinha que surgiu do nada já foi expulsa a chineladas por alguém mais valente. Ah, sim, o título acima parece uma perfeita metáfora da curiosidade científica acerca dos insetos, mas é apenas uma estrofe legítima de uma canção de sucesso dos Titãs, composta nos anos 1980.

O bistrô dos arqueólogos

Nada melhor do que uma boa crônica sobre...como disse, minha senhora? "Boa" seria um milagre? Tá bem, vá lá, uma crônica. Sobre tomates.

Por que não batatas, pergunta um leitor rabugento. Outra leitora pondera que uma manteiguinha por cima cairia bem com a batata assada, mas é rudemente interrompida por aqueles que não dispensam um gratinado com queijo ralado no topo dos tubérculos. O marombeiro pergunta se não vai junto um filé mal passado ou um belo peixe grelhado. Por fim manifesta-se o Juquinha, de olho na sobremesa que, é claro, contém chocolate. Menu completo, calam-se todos à espera do convite para jantar. Nada feito. Trata-se de Ciência. Coisa mais fora de moda, comentam potentados às gargalhadas, a ponto de sufocar com as baforadas de seus caríssimos charutos ou afogar-se em legítimo uísque escocês, poucos minutos depois de gualdripar a verba pública para aplicá-la generosamente no bem-estar daqueles com quem compartilham a privada.

Na verdade o que queríamos era comentar a fartura de novas descobertas arqueológicas de comida velha. Velha mesmo, fora da validade, bem mais do que aquele leite em pó que a senhora quase levou do supermercado, mas descobriu a tempo e passou uma descompostura no gerente. Milênios além da validade, que tal?

Arqueólogos cansados de desenterrar ruínas, efígies, armas e ossadas humanas andam, com toda a razão, celebrando descobertas intrigantes sobre a comida de nossos antepassados. Às vezes a sorte lhes sorri e acham alimentos intactos, como pesquisadores da Universidade da Pensilvania que encontraram, na Argentina, dois exemplares de *tomatillos*, um primo do tomate. Diz-se que esses frutos são mais parecidos com cerejas do que com tomates, e que o gosto não é dos melhores. Além disso, a datação dos *tomatillos* fossilizados foi estimada em mais de cinquenta milhões de anos. É possível que estejam passados. Caso contrário, podem ser usados para fazer uma saladinha com dúzias de tipos distintos de frutos, legumes e grãos, encontrados por cientistas israelenses junto com restos de ossos de animais e artefatos variados. Esse achado é de um sítio arqueológico de quase oitocentos mil anos de idade, localizado numa região que foi usada como corredor para a dispersão dos ancestrais dos humanos modernos a partir da África. A descoberta fez sucesso, pois desafia a idéia de que naquela época a dieta era quase exclusivamente à base de proteína de origem animal. Essa crença pode ser o resultado de que evidências do consumo de carnes são muito mais fáceis de encontrar do que das guarnições, pois restos de ossos são, em geral, melhor preservados do que resíduos de vegetais e não fazem justiça à variedade de acompanhamentos das refeições de antanho.

Quanto à exigência do rabugento, foi descoberta no Canadá uma estrutura de pedras caprichosamente arrumadas em torno de três mil exemplares de um tipo de batata, chamada *wapato* – pronuncia-se "uápatuu". Trata-se do tubérculo da raiz de uma planta nativa do noroeste das Américas, que cresce e floresce em locais pantanosos. E daí se, só no Peru, existem três mil e oitocentas variedades de batatas? É que o tal sítio arqueológico tem quase quatro mil anos e, embora haja relatos documentados de jardins muito mais antigos no Egito, o "parquinho das batatas" é celebrado como a mais antiga estrutura artificial que parece verdadeiramente destinada à produção de um vegetal para alimentação humana. A construção contém também pontas de lanças que podem ter sido usadas para cavucar o fundo de forma a soltar os tubérculos, que é o jeito de faze-los flutuar. Para os interessados, no *Youtube* há vídeos de exímios naturebas, que mostram como colher *wapato* e garantem que a batatinha é comestível quando devidamente assada.

De quebra, pode-se acrescentar um aglomerado de manteiga maior do que uma bola de basquete, desenterrado de um pântano na Irlanda, cuja idade foi estimada em dois mil anos. Dizem que ainda seria comestível, porém de nossa parte não há a menor intenção de experimentar a iguaria. Mesmo assim enriquece o menu, assim como restos de queijo torrrado encontrado na península dinamarquesa da Jutlândia, no fundo de um pote com três mil anos de idade.

Juntando tudo já dá para preparar batatas gratinadas em um forno de pedra de mil e seiscentos anos de idade, que foi encontrado no Canadá e cuidadosamente transportado para o Museu de Alberta para ser examinado. Os arqueólogos acham que lá dentro há uma refeição completa, que estaria assando quando foi abandonada às pressas, quiçá porque algum invasor botou o cozinheiro para correr. Os cientistas especulam ser um belo bife de bisão, o qual cairia bem com batatas gratinadas e uma saladinha. Já para quem não come carne vermelha, sempre se pode fritar naquela manteiga irlandesa os restos de peixes de água doce que pesquisadores britânicos encontraram em potinhos desenterrados de um sítio arqueológico com mais de seis mil anos de idade. Essa descoberta também foi considerada muito importante, por indicar que mesmo quando nossos ancestrais sairam do estágio de caçadores-coletores para inaugurar a agricultura e a pecuária, não deixaram de pescar seus peixinhos.

E assim o menu do bistrô está quase completo, com exceção da sobremesa do Juquinha. Mas o guri ficará feliz em saber que, ao contrário da idéia de que antes da invasão espanhola o cacau era usado na América Central apenas para preparar bebidas, cientistas mexicanos encontraram na península de Yucatán traços de cacau em um prato de dois mil e quinhentos anos de idade, o que sugere o uso antiquíssimo de um "molho de chocolate" numa refeição sólida. Coisa essa que faz parte da culinária mexicana até hoje, com seus *moles poblanos* que acompanham carnes variadas.

Daqui ouvimos o garoto esbravejar que isso não tem nada a ver com a torta de chocolate da vovó, mas foi o que se pode arranjar. Quem sabe em breve não será descoberta, esquecida num canto de um depósito do museu de arqueologia *Laténium de Neuchâtel*, uma barra inteira do melhor chocolate suíço com mais de dois mil anos de idade, esperando apenas ser catalogada por um cientista guloso.

Bon apétit.

As cores do Imperador

Há tempos a revista *National Geographic* trouxe uma reportagem sobre o progresso das escavações do mausoléu do primeiro imperador da China. Há pouco mais de vinte e dois séculos, o tirano Qin Shi Huang Di unificou, a ferro e fogo, a parte leste da atual nação chinesa sob o domínio de uma única dinastia. Entre outras proezas, começou a erguer a Grande Muralha e recrutou uma equipezinha de apenas setecentos mil trabalhadores para a construção do seu mausoléu.

Ao morrer, Qin Shi foi sepultado no monumento, acompanhado do famoso Exército de Terracota, um conjunto de milhares de figuras humanas em tamanho natural, que representam os componentes do exército do imperador. Além disto, há armas verdadeiras, estátuas de acrobatas, artefatos diversos e, aparentemente, restos mortais de artesãos que tinham trabalhado no projeto, para evitar que esses últimos revelassem as riquezas ali guardadas.

Nada disso é novidade, mas a reportagem mostrou o que vem sendo feito agora para recuperar as cores das figuras de terracota, a maior parte perdida com o tempo. A mera exposição das esculturas ao ar faz a cobertura colorida flocular e pulverizar em poucos minutos. Um intenso trabalho de pesquisa vem produzindo novas tecnologias que, aos poucos, começam a resgatar este colorido. Até placas do terreno em torno dos artefatos são cuidadosamente recolhidas com o uso de substâncias químicas que preservam as tintas transferidas das estátuas para o solo enquanto estiveram enterradas. Os pesquisadores esperam, futuramente, poder reaplicar as tintas às estátuas originais

Este trabalho, que ainda pode durar séculos, desvendará novos aspectos da cultura artística dos tempos do imperador e, assim, enriquecerá o conhecimento da história da China e da humanidade. A concepção atual do colorido original das figuras de terracota, bem como o emprego das cores na arte da época, contrastam com a delicadeza dos traços e o colorido discreto de grande parte da pintura chinesa exposta em museus modernos, refletindo a flutuação de estilos artísticos em paralelo com mudanças marcantes na história de um povo.

Na década de setenta, um grupo de músicos que acompanhava o cantor Moraes Moreira, quando esse saiu dos Novos Baianos e iniciou sua carreira solo, ganhou o nome de "A cor do som". Os arqueólogos chineses, a cada dia, revelam um pouco mais da pintura do exército do imperador Qin Shi e, com isso, da cor da História.

Liberdade é uma calça velha

Parece incrível, mas a alma jovial e pueril deste modesto cronista pertence a alguém de uma geração que garimpava ferros de passar aquecidos a carvão, máquinas de costura obsoletas e pilões enormes de madeira maciça. Tudo isso comprado baratinho em bazares no interior de Minas Gerais, a fim de decorar o quarto com o que considerávamos "antiguidades", enquanto nossas avós chamavam aquelas tralhas de "velharias".

Num verão passamos dois dias acampados, pela primeira vez nas nossas jovens vidas, em pleno Parque Nacional da Serra dos Órgãos no qual, para montar a barraca emprestada por um desavisado, a proverbial mistura de inexperiência e imprevidência nos fez escolher exatamente o lado vazio da clareira, oposto ao que já estava coalhado de outros aventureiros. Obviamente, nossa tenda foi inundada pela chuva torrencial que drenou para o lado mais baixo do terreno, seguida da épica invasão de um exército de formigas atraídas pelas migalhas dos biscoitos que as descuidadas meninas da turma saboreavam enquanto os varões levaram pelo menos uma hora para prender a barraca no chão, a golpes de caneca de metal, esquecidas que foram as ferramentas apropriadas. Ah, o frescor da juventude...primeira e única aventura campestre deste vosso criado, dali por diante acampamento rústico só em hotel com várias estrelas no Guia Michelin.

Naquela época, no entanto, qualquer prazer nos divertia. E todos usávamos *jeans,* ou seja, as calças de brim outrora conhecidas como "calças americanas" por serem originárias dos Estados Unidos. Uniforme democraticamente distribuido ao longo do espectro ideológico, variava na marca e na origem – importada para alguns, já para outros comprada a preço de banana num depósito de roupas em um subúrbio distante. Também se usava, é bom lembrar, o termo "calça *Lee*", indiscriminadamente para aquela marca ou qualquer outra, nacional ou importada, o que causava frouxos de riso quando alguém dizia que ganhou de presente "uma calça *Lee* da *Levi's*". A vestimenta era símbolo da juventude descolada, meio século antes do adjetivo "descolado" ser ampliado na versão coloquial da última flor do Lácio.

Jeans eram sempre azuis e, de preferência, desbotadas pelo uso constante ou com água sanitária mesmo, para horror das mães e escárnio das mesmas avós que volta e meia oravam pela saúde mental de seus netos tresloucados. A moda garantia o sucesso de comerciais de TV, como a campanha criada para as calças USTOP fabricada pela São Paulo Alpargatas. O produto era apresentado por uma historinha de amor estrelada por uma Sandra Annenberg adolescente e, principalmente, pelo filmete embalado por uma cançoneta que dizia "Liberdade é uma calça velha, azul e desbotada, que você pode usar do jeito que quiser...não usa quem não quer...". E o *jingle* continuava com um verso antológico, destinado a enfatizar a diferença entre as calças elegantes usadas por nossos pais e a vestimenta informal que "...desbota e perde o vinco...denim *indigo blue*...".

Pois nossa crônica versa exatamente sobre o tal *indigo blue*, corante usado na fabricação daquelas calças. Atualmente usa-se *jeans* vermelho, preto, verde, alaranjado, listradinho ou, como dizia minha mãe, cor de burro quando foge. Mas o azul do indigo ainda é o clássico. Também pudera, pois engana-se o distinto público ao pensar que esse corante começou a ser usado a partir do século XIX, quando foram fabricadas, pela primeira vez, calças e macacões super resistentes, a princípio de lona e depois do tal *denim* os quais, pouco tempo depois de inventados, passaram a ser tingidos com *indigo blue*. O grande barato é que indigo é usado para colorir tecidos há milênios!

E uma notícia sobre esse assunto veio de um artigo científico publicado por cientistas dos EUA, Inglaterra e Portugal. Até então pensava-se que o primeiro uso do indigo como corante tinha sido há quatro mil e quinhentos anos, no Egito. Mas o antropólogo norte-americano Jeffrey Splitstoser desconfiou da decoração azul detectada nos fragmentos de um tecido de algodão, que tinha sido coletado em um sítio arqueológico no norte do Peru. Com o uso de técnicas químicas avançadas, os pesquisadores identificaram o corante azul como uma mistura de indigotina e indirubina, componentes do indigo.

Antes que alguém se anime a acusar os inventores da "calça americana" de espionagem industrial, o tecido encontrado no Peru dificilmente pertenceu a um modelito milenar de *jeans*. O significado da descoberta está em que povos das Américas já vinham fazendo contribuições científicas e tecnológicas tão cedo quanto ou, nesse caso, mais cedo do que povos de outras partes do mundo. Essa constatação lembra o livro "O homem que amava a China", em que o escritor Simon Winchester retratou um eminente cientista britânico, o qual descobriu que muitos artefatos, surgidos no Ocidente a partir da Revolução Industrial, já tinham precedentes antiquíssimos inventados na China de forma artesanal, por exemplo por lavradores em lugares remotos do país.

Pois é, não nos escapa a ironia contida no contrassenso de tornar símbolo da juventude rebelde dos anos cinquenta e sessenta do século passado, um produto industrial oriundo do gigante imperialista que era, e para muitos ainda é, alvo preferencial da revolta dessa mesma juventude. Mas talvez a melhor lição dessa história seja que, malgrado o sistema internacional de patentes que assegura direitos a quem desenvolve novas tecnologias, de vez em quando basta cavucar para descobrir que nem sempre o novo é original. Ou então, que todo esse esforço para escrever uma crônica, no fundo, não passa de uma desculpa para sublimar uma certa nostalgia. Afinal, teclado de computador também é algo que...não usa quem não quer...

Vampiros contemporâneos

Não sou fã de histórias de vampiros. Porém, como já devem ter notado meus raros leitores, aprecio coisas diversas e não pude ignorar um texto que saiu na revista eletrônica do *Smithsonian Institute*, sobre a origem da vestimenta característica do Conde Drácula. Mais uma vez, peço-lhes paciência. Não parece, mas o assunto é interessante. Leiam até o final e creio que alguma coisa há de lhes agradar.

O autor se inspirou no centenário da morte de Bram Stoker, o irlandês que escreveu o romance *Drácula* em 1897. A princípio ignorado pelo grande público, o livro tornou-se *cult* e definiu uma concepção moderna do mito dos vampiros. O texto foi popularizado, principalmente, pelas adaptações posteriores para teatro e cinema. Nessas, de modo geral, o ator que interpreta o conde Drácula veste traje a rigor, capa preta e um medalhão, que acabaram por se perpetuar como a roupa típica do personagem, muito usada hoje em dia nas brincadeiras do Dia das Bruxas no hemisfério norte.

No texto é relatado um debate sobre a história do livro, ocorrido na *New York Comic Con*, uma edição da famosa conferência dos fãs de histórias em quadrinhos que ocorre com frequência em diversas cidades dos EUA e outros lugares do mundo. *Nerd* que se preza não perde essa convenção na cidade mais próxima. No caso, o debate reuniu um tatarasobrinho e biógrafo de Bram Stoker e um especialista em história da chamada literatura gótica. O sobrinho comentou passagens dos diários do tataratio, com anotações sobre a ausência de reflexão no espelho, a força sobrenatural e as metamorfoses do personagem. Explicou também sua teoria de que a idéia para o livro tenha se originado da aplicação em Bram Stokes, quando criança, de sangrias pelos próprios pais, que eram médicos.

Por seu turno, o escritor John Browning, autor de uma dezena de livros sobre personagens vampiros na literatura, comentou que as primeiras caracterizações de Drácula no cinema, como na versão original de *Nosferatu*, de 1922, incluiam vestimentas típicas da Europa Oriental. Nem de longe ilustravam a elegância e o charme que acabaram por ser associados ao conde. A versão de 1979, escrita e dirigida pelo cineasta alemão Werner Herzog, repete mais ou menos o vestuário do original. E por aí vai o texto, dissecando aspectos da iconografia dos vampiros.

Esta iconografia ganhou uma nova versão através da popularização da saga *Crepúsculo,* cujas versões cinematográficas mostram vampiros bonitinhos, vestidos como qualquer jovem da mesma idade, transformando os atores em ídolos adolescentes que, quando aparecem por aí, são recebidos por gritinhos agudos, prantos copiosos e desmaios histéricos. Duvido que Bela Lugosi, o Drácula do filme de 1931, tenha sido alguma vez saudado assim. E essa mania não para por aí, pois há um bando de vampiros e assemelhados desfilando pela TV, como *Buffy, True blood* e *The vampire diaries*. Não, não acompanho nenhuma dessas séries. Apenas sei que existem.

Mas, voltando ao debate da *Comic Con,* chamou minha atenção a constatação do escritor John Browning, de que as histórias de vampiros tendem a fazer sucesso em tempos de agruras econômicas. Ele nota que Drácula e vampiros, em geral, foram populares nas crises dos anos 1920-30, dos anos 1970-80 e, agora, retornam com força nos novos tempos bicudos. Talvez todo tipo de fantasia seja privilegiado quando a maré está braba, mas as vampiroses possuem o ingrediente adicional da violência da exsanguinação e de seu combate com outra violência, representada pelas estacas enterradas no coração além, diriam alguns, daquele medonho cheiro de alho que empesteia a vizinhança.

E, por falar em peste, assola-me mais uma dúvida. Faz cem anos da morte de Bram Stoker. Pensando bem, será que ele *apenas* morreu? Ou será que, assim como sua personagem Lucy Westenra no romance, ao morrer se transformou em mais um vampiro que logo deu de fazer seus lanches no pescocinho das crianças das redondezas?

Sei não, talvez se deva prestar atenção também a uma outra iconografia, agora representada por numerosos descendentes de mortos-vivos, vampiros de terno e gravata, que andam por aí chupando o sangue de milhões de vítimas inocentes. Essas últimas se iludem com a idéia de que Drácula tenha sido apenas uma obra de ficção e, por isso, se deixam morder sem perceber a necessidade de espalhar alho e afiar as estacas para acabar com esta sangria quando for a hora.

Sempre haverá uma Inglaterra

Coisas que só acontecem na Grã-Bretanha me lembram uma seção da revista *The New Yorker*, chamada *"There'll always be an England"* (Sempre haverá uma Inglaterra). Os textos fazem pilhéria com esquisitices dos britânicos garimpadas em jornais provincianos. É uma saudável gozação dos ianques para com os antigos colonizadores, a começar pelo título copiado de uma canção patriótica inglesa. Porém, outras coisas que se passam naquela ilha velha também são emblemáticas. Uma delas é a descoberta do esqueleto do rei Ricardo III.

Uma das primeiras peças de Shakespeare trata deste monarca, cujo personagem está entre as mais marcantes representações da maldade na história do teatro. Tanto que a primeira versão da peça, publicada em 1597, teve o título *"A tragédia do Rei Ricardo terceiro, contendo os planos traiçoeiros contra seu irmão Clarence, o assassinato de seus inocentes sobrinhos, sua usurpação tirânica [do trono inglês], a trajetória completa de sua detestável vida e merecidíssima morte"*. Isso sim, é título bacana para uma biografia não autorizada.

Para completar o sumário, bastaria acrescentar que o herdeiro legítimo do trono era um dos sobrinhos mencionados, o qual, junto com o irmãozinho menor, era tutelado pelo tio. As crianças foram encarceradas na Torre de Londres e, de repente, sumiram. O tio é o principal suspeito destas mortes e, uma vez proclamado rei da Inglaterra, teria continuado a praticar toda sorte de crueldades, inclusive assassinar a própria esposa para casar com uma sobrinha.

Como dizia minha mãe, Ricardo III era mau que nem um pica-pau. Não bastasse tudo aquilo, ainda seria corcunda e manco. Esse paradigma da maldade foi revivido no cinema, através da interpretação de Lawrence Olivier, em 1955, e de Ian McKellen em 1995, além de um documentário de Al Pacino em 1996. Porém...

Pois é, porém...sempre haverá uma Inglaterra, onde existe uma associação com milhares de filiados do mundo inteiro, destinada exclusivamente a defender a reputação de Ricardo III. Não estranhe, caro leitor, pois a agremiação tem lá suas razões para questionar a pecha de criminoso cruel atribuída ao monarca. É forçoso reconhecer que o aforismo "a História é escrita pelos vencedores" se aplica como uma luva nesse caso. Ricardo III reinou por apenas dois anos até ser morto em 1485 no campo de batalha, por seu inimigo Henry Tudor, o qual inaugurou a dinastia que leva seu sobrenome ao ser designado Rei Henrique VII. Daí em diante, restava no século XVI pouca oportunidade para contestar a versão oficial dos Tudor. Entre os sobreviventes dos massacres que aconteceram na Inglaterra por décadas a fio na segunda metade do século XV, não sobrou quase nenhum amigo de Ricardo III. E, cem anos depois, quando Shakespeare escreveu sua peça, ainda reinava a última representante da linhagem dos Tudor, Elizabeth I, aliás magistralmente interpretada pela atriz Cate Blanchett num filme de 1998.

E é aí que entra o esqueleto. Há pouco tempo foi confirmado, por exames de DNA, que são mesmo de Ricardo III os restos mortais encontrados debaixo de um estacionamento municipal próximo à catedral de Leicester. Perdoem a interrupção mas devo advertir, aos que quiserem ler esse texto em voz alta, que o nome da cidade se pronuncia "Lésstâh", uma das armadilhas dos britânicos contra quem se atreve a aprender sua língua. A descoberta é memorável e premia, entre outros, a obstinação da cineasta Philipa Langley, participante da Sociedade Ricardo III, que vem lutanto há tempos pelo resgate da verdadeira história deste rei. Mas, acima de tudo, representa a coroação do trabalho extraordinário de uma equipe de especialistas em arqueologia, bioarqueologia, genética, história e genealogia da Universidade de Leicester, liderados pelo arqueólogo Richard Buckley.

Os cientistas conseguiram não apenas encontrar e recuperar os restos mortais, como descobrir uma família da décima-sétima geração de descendentes de Anne de York, irmã de Ricardo III. Isso permitiu a coleta do DNA mitocondrial, que passa continuamente das mulheres para seus filhos, confirmando a geneaolgia. A sorte ajudou, pois a única mulher entre os três descendentes ainda vivos não tem filhos e a linhagem ricardiana de DNA mitocondrial será extinta quando ela morrer.

Com a confirmação, o debate sobre o caráter do rei ganhou fôlego e foram divulgadas opiniões contraditórias do médico Phil Stone, presidente da Sociedade Ricardo III, e do historiador Dan Jones. O doutor Stone defende que, embora o rei não tenha sido santo, também não foi culpado por muitas das crueldades a ele atribuídas, em especial o assassinato dos sobrinhos e da mulher. Por seu turno, Jones reconhece que há um certo exagero nos crimes atribuídos ao monarca e até na descrição de suas deformidades, já que o esqueleto encontrado revelou pouco mais do que uma forte escoliose. Também reconhece que ele se esforçou para promover justiça social, estabilizar as finanças e conter a desordem pública. No entanto, Jones reafirma a usurpação do trono e outras barbaridades cometidas durante o reinado. A polêmica não se resolverá tão cedo, mas a descoberta dos restos mortais vai estimular a revisão da história, mesmo que o vilão não seja, afinal, reabilitado.

E depois dele? Aí o problema é inverso, já que após os vinte e quatro anos de reinado de Henrique VII, a dinastia dos Tudor ainda se manteve no poder por quase um século e, naturalmente, escreveu sua história. Consta que, nos primeiros anos, Henrique VII restaurou a estabilidade política na Grã-Bretanha, para o que contribuiu seu esperto casamento com Elizabeth de York, a tal sobrinha que Ricardo III queria abiscoitar. O matrimônio uniu as duas mais fortes dinastias da época e, assim, extinguiu a oposição. No entanto, consta também que, no decorrer do seu reinado, a Inglaterra foi tomada por uma roubalheira sinistra, que só terminou com a morte de Henrique VII e, durante a qual, a corte se apropriou indevidamente da riqueza de boa parte da população da Inglaterra. Ou seja, crueldades as há de todo tipo e feitio e talvez venha a ser necessário, eventualmente, criar uma Sociedade para defender a memória de Henrique VII também.

Esta crônica remete à esperança de que, agora, a Grã-Bretanha terá motivação e talvez novos subsídios para reavaliar um período conturbado de sua história. Na época, os feitos e os desmandos de seus monarcas se embaralharam em versões de vencedores e vencidos, alianças de ocasião e esmagamentos mútuos de dinastias derrotadas, tudo temperado pela dificuldade de separar o mal verdadeiro da demonização oportunista dos inimigos. E, cá pra nós, ao reler o texto sou invadido pela estranha sensação de que, não fosse pelo sotaque, estaria eu a ler notícias locais.

Mistérios da Gioconda

Há uma expectativa de que, finalmente, tenha sido encontrado o esqueleto da mulher que serviu de modelo a Leonardo da Vinci para pintar a Mona Lisa. Como cientista, faço votos de que o trabalho dos arqueólogos italianos seja bem sucedido. Mas, honestamente, não estou lá muito feliz com isso.

O retrato, pintado no início do século XVI e também conhecido como *La Gioconda*, é considerado por muitos a pintura mais famosa do mundo. Rivaliza com o David de Michelangelo e poucas outras, como a obra de arte mais conhecida. Há razões de ordem artística, histórica e mercadológica para esta fama. As interpretações da obra são múltiplas, conflitantes, por vezes pretensiosas e baseadas nos mais diversos critérios, que incluem desde pura especulação até análises geométricas e matemáticas destinadas a quantificar o conteúdo relativo de felicidade, angústia e tédio no sorriso da modelo. Não falta controvérsia sobre quem teria sido, de fato, a musa e já foi sugerido até que seria um autorretrato de Leonardo, travestido de mulher.

Existe um conflito político entre Itália e França em torno da obra. Autoridades da área cultural da Itália reivindicam que a Mona Lisa seja devolvida à cidade de Florença, tida como terra natal da pintura. Já a direção do Museu do Louvre, onde se encontra a obra vendida ao Rei de França pelo próprio Leonardo, não está disposta a aceitar a devolução. A troca de farpas ajuda a promover o quadro, tornando-o ainda mais famoso. Mesmo assim, não creio que tropas estejam se posicionando na fronteira, para decidir de vez quem fica com a Gioconda e, de quebra, qual dos queijos é melhor: Gorgonzola ou Roquefort.

Há de se admirar o profissionalismo envolvido na análise das qualidades estéticas da pintura, bem como o empenho na dissecção de sua história. No entanto, dentre as habilidades desenvolvidas pela humanidade, a arte tem a grande vantagem de nos permitir apreciá-la somente por razões íntimas. E um dos atributos mais lembrados da Mona Lisa é o mistério que cerca o quadro. Uns admiram a qualidade enigmática do sorriso, outros são sensíveis à polêmica sobre quem, de fato, seria a musa inspiradora de Leonardo. Os mais práticos torcem para que a musa se materialize de novo, dessa vez à custa da competência, paciência e dedicação dos arqueólogos que, há tempos, buscam encontrar os restos mortais da misteriosa modelo.

E o jornal noticia que um dos esqueletos encontrados recentemente nas escavações do Convento de Santa Úrsula, em Florença, é o melhor candidato a pertencer à Senhora Lisa Gherardini del Giocondo, tida como a mais provável musa de Leonardo nesta pintura. As técnicas modernas de reconstrução a partir de ossadas prometem revelar o rosto correspondente ao esqueleto e, comparando a pintura com a reconstrução, resolver de vez o misterioso paradeiro da musa. Não consigo reprimir a idéia de que haverá, então, oportunidade para algum néscio se manifestar decepcionado pela habilidade de Leonardo como retratista, em vista da extraordinária resolução das câmeras digitais modernas.

Nem todos, no entanto, estão felizes com o andamento das escavações. O trabalho dos arqueólogos sofreu críticas de uma antropóloga norte-americana, ao passo que um descendente da Senhora Gherardini reclama de sacrilégio e pergunta que diferença faz encontrar ou não os restos mortais da Gioconda. De minha parte, acho que faz diferença, sim.

Já vejo no rosto do leitor um muxoxo de "lá vem esse chato querendo que todas as dúvidas sejam sanadas por evidências científicas irrefutáveis". Longe de mim semelhante isso. Saibam que, apesar de aguardar curioso as conclusões dos arqueólogos, tenho a sensação de que algo precioso se perderá com o sucesso da empreitada.

Afinal, a Mona Lisa, na origem e na essência, é um retrato de mulher. E o que é uma mulher sem seus mistérios?

Múmia paralítica

Há alguns anos a TV Globo ressuscitou o "Professor de Mitologia Aquiles Arquelau", criado, há mais de 30 anos, pelo comediante Agildo Ribeiro com base em seu antigo professor de teatro Paschoal Carlos Magno. O personagem era acompanhado por um fiel escudeiro, interpretado pelo ator Pedro Farah, que fica o tempo todo de pé ao lado do professor, sem mover um músculo exceto quando toca uma campainha a cada vez que o mestre se excede em suas perorações. Não vi o quadro novo, mas antigamente o personagem tinha fixação na atriz Bruna Lombardi e sempre acabava por incluí-la em suas considerações, provocando a intervenção do parceiro. Na terceira ou quarta interrupção, Arquelau perdia a paciência e esbravejava com o auxiliar chamando-o, a título de insulto, de "múmia paralítica!".

Por que lembrar disso? Acontece que, anos antes do malfadado incêndio de 2018, o Museu Nacional da Quinta da Boa Vista, no Rio de Janeiro, foi palco do Congresso Internacional de Estudos de Múmias, o evento mais importante desta área de pesquisa, que se realiza a cada dois anos em diversos países. Foi a primeira vez no Brasil. Nesta reunião se discute métodos de mumificação de humanos e animais, identificação de vestígios de doenças, traumatismos, agentes infecciosos, poluentes e até mesmo cuidados cosméticos utilizados há milênios por civilizações hoje extintas. Os estudos, feitos por equipes multidisciplinares internacionais, revelam dados importantes para compreender a

História das civilizações, a evolução dos costumes, dos rituais e da Medicina, tanto em seus aspectos universais quanto locais.

À parte toda a Ciência, por aí afora não faltam curiosidades sobre múmias. São personagens de filmes de terror, que fazem muito mais sucesso popular do que notícias de achados arqueológicos. Algumas histórias reais competem com a ficção, como no caso das cabeças de Lampião, Maria Bonita e Corisco, que foram mumificadas e expostas no museu Nina Rodrigues, na Bahia, durante muito tempo até que, a pedido das famílias, foram enterradas. Debate-se até hoje se faz ou não sentido desenterrá-las para estudo científico. Em outras paragens, há o caso da múmia chamada *Tothmea*, que se encontra exposta no Museu Egípcio e Rosacruz de Curitiba. Bem antes de se mudar para o Paraná, a partir do século XIX esta múmia alternou exibições em pelo menos três museus nos Estados Unidos com longos períodos esquecida em porões. Conta-se que, por volta de 1918, quando *Tothmea* estava em exibição no museu da cidadezinha de Round Lake, adolescentes costumavam raptá-la e levá-la a passeio pela cidade em uma carruagem.

Entretanto, ilude-se quem pensa que o talento cômico de Agildo Ribeiro e Pedro Farah tem exclusividade na criação e difusão do humor sobre múmias aqui nas terras em que Peri beijou Ceci. Pois, há muitos anos, ouvi uma historinha que, *se non è vero, è ben trovato*. Diz-se por aí que, certa vez, o Museu Britânico enviou uma múmia para o nosso Museu Nacional, talvez por empréstimo para alguma exposição, ou quem sabe como doação definitiva. Em qualquer caso, a múmia, tal como qualquer outro objeto, seria passível de inspeção pela Alfândega para entrar no país. Problema nenhum, diziam os entendidos no assunto. Em primeiro lugar, os ingleses deveriam, é claro, preencher uma pilha de documentos timbrados, assinados pelas autoridades competentes, com firmas reconhecidas por notários públicos. Isso feito, a múmia seria recebida de braços abertos, bastando que viesse acompanhada da devida documentação e de algum responsável pois, infelizmente, a criatura não se locomovia sozinha nem podia ser acomodada em uma cadeira de rodas. Só isso...

Antes fosse. Na chegada à Alfândega do Rio de Janeiro, o funcionário destacado para conferir a importação, imbuído de espírito público e zelo profissional, coçou a cabeça e, de imediato, convocou os colegas e a chefia para uma conferência. A reunião se estendeu por um tempão, durante o qual travou-se um acalorado debate sobre a classificação fiscal da mercadoria, detalhe indispensável para o correto preenchimento da papelada de liberação. Enquanto isso, o especialista responsável pelo transporte jazia a um canto, suando frio, temendo que a entrada no país da múmia, então paralisada, fosse negada e ele ainda tivesse de comprar duas passagens de volta para Londres a fim de devolver o objeto recusado.

Mas a providência, como de hábito, salvou a situação. Subitamente, um dos fiscais teve uma epifania e, pouco depois, entregou ao atônito arqueólogo o documento de liberação da múmia, devidamente classificada na categoria...conservas.

O advento da desextinção

O que faria o leitor, caso desse de cara com um mamute vivo ao dobrar uma esquina? A pergunta parece, mas não é absurda. E sequer a premissa é inverossímil. Pois aí vem a desextinção.

Lorota, explode o rabugento. Dou-lhe uma rasteira e quebro-lhe a cara, pontifica o valentão referindo-se ao mamute - assim espero. Milagre, diz o devoto. Ora, ressuscitar Lázaro depois de quatro dias foi moleza, eu queria ver é se o cara estivesse morto há milênios, retruca o paleontólogo ateu, enquanto pensa "será que aquele dente que acharam em Rondônia era mesmo de mamute?". Disso tudo, seguramente a valentia não vai bastar para encarar um bicharoco de cinco metros de altura, sete toneladas de peso e presas afiadas com mais de três metros.

Há mais de trinta anos o escritor Michael Crichton criou um roteiro que acabou por se transformar no filme *Jurassic Park* (Parque dos dinossauros). A primeira versão era apenas sobre a clonagem de um pterodáctilo, feita por um estudante a partir de DNA fóssil. O texto foi reescrito inúmeras vezes e afinal transformou-se em livro, até que Steven Spielberg comprou os direitos e a *Universal Studios* produziu a película, que estreou em 1993.

Efeitos especiais inovadores, animais aterrorizantes, uma trama de espionagem corporativa e trilha sonora espetacular. Nesse turbilhão cinematográfico, poucos espectadores se importaram se aquela pletora de répteis pré-históricos poderia, de fato, ser mantida num parque temático construído pelo personagem *John Hammond* em uma ilhota a duzentos quilômetros da Costa Rica. Menos gente ainda deve lembrar que os bichos teriam sido clonados a partir de DNA encontrado em insetos pré-históricos, que se alimentavam do sangue dos dinossauros e acabaram preservados em âmbar. É surpreendente que esse detalhe tenha sido introduzido no argumento da película, pois a primeira vez que DNA foi recuperado de âmbar foi já durante as filmagens. Naquela época, a reprodução de um animal extinto, ainda mais deste jeito, era pura e desvairada ficção científica. Não mais.

E isso porque já passou um bom tempo desde a primeira desextinção da História. No dia 30 de julho de 2003 nasceu um filhote de uma espécie que fora extinta três anos antes, o íbex-dos-Pirineus, fruto do trabalho de uma equipe de pesquisadores europeus. Este íbex é um tipo de cabrito montês, que vivia na cordilheira fronteiriça entre Espanha e França e foi dizimado por caçadores no século XIX. A partir de 1900, foram preservados cerca de cem animais num parque em Aragón. No ano 2000, morreu o último exemplar da espécie, uma fêmea chamada Célia. Um ano antes, os cientistas do Centro de Pesquisa Agroalimentar de Aragón tinham recolhido, da orelha desta fêmea, algumas células que foram cultivadas em laboratório e congeladas para preservação. Quando Célia morreu, a espécie foi declarada oficialmente extinta, mas cientistas espanhóis resolveram que não. Recorreram a uma tecnologia chamada transferência nuclear somática, inventada meio século antes na Filadélfia e usada, entre outros, por cientistas britânicos para clonar a famosa ovelha *Dolly*, que frequentou os noticiários por cerca de sete anos.

Os pesquisadores aragoneses descongelaram células da Célia e transferiram os núcleos isolados destas células para óvulos provenientes de cabritos comuns, cujo núcleo tinha sido removido. Os ovos reconstituidos com o material genético de Célia formaram embriões, os quais foram implantados no útero de fêmeas de cabrito comum. De todas as tentativas, apenas três funcionaram e duas das fêmeas abortaram no meio da gravidez. Porém, uma chegou a termo e o feto nasceu de uma cesariana, com dois quilos e meio de peso, aparência normal, coração a bater, olhos abertos e movendo as patas. Infelizmente, o cabritinho viveu apenas por sete minutos após o parto, por causa de uma malformação nos pulmões. Ainda assim, este experimento provou que é possível reproduzir um animal a partir de uma espécie extinta.

Os leitores versados em coisas biológicas, a esta altura, já acionam as redes sociais para organizar uma manifestação, na qual bloquearão o trânsito do centro da cidade portando faixas e cartazes com os dizeres "o genoma era da Célia, mas o óvulo era de cabrito comum, então o recém-nascido não era exatamente um íbex-dos-Pirineus". E estarão cobertos de razão, por causa da hibridez e da epigenética. Mas, caro leitor, esqueçamos por enquanto essas duas questões razoavelmente complicadas e convenhamos que dar vida ao patrimônio genético de uma espécie que se dava por definitivamente perdida já é um grande passo, não? Minha faixa na passeata diria "Sim".

E que fim levou o mamute lá de cima? Pois saibam que é outro candidato a desextinção. Estima-se que esses primos do elefante moderno desapareceram há uns dez ou doze mil anos nas regiões geladas em que viviam. Alguns territórios que abrigavam mamutes aqueceram bastante, mas outros permanecem até hoje gélidos a ponto de ser plausível que restos mortais desses monstros pré-históricos ainda contenham células intactas. De fato, cada vez mais restos mortais de mamutes vem sendo revelados à medida que se escava a mistura de gelo, terra e rochas permanentemente congeladas – chamada *permafrost* - no norte da Sibéria. As enormes presas são muito procuradas, pois tem um alto valor de venda para oficinas de escultura em marfim na China. No entanto, o que interessa aos cientistas são restos congelados de tecidos moles, que podem conter células intactas. Essas, em tese, poderiam ser cuidadosamente descongeladas, assim como se faz nos bancos de sangue, e o DNA do mamute poderia ser isolado para reprodução.

Infelizmente, ainda não se encontrou material útil e nenhum de nossos antepassados pré-históricos cuidou de congelar células da orelha do último mamute vivo – onde essa gente estava com a cabeça? Então a coisa vai ser mais difícil ainda do que no caso do cabrito. Mas isso não desanima o geneticista japonês Akira Iritani, que está há tempos à cata de células intactas de mamute para tentar produzir um filhote pela mesma técnica que os espanhóis usaram para o bebê íbex, porém usando uma elefanta como mãe de aluguel.

É claro que não será de imediato, mas a desextinção já ultrapassou a etapa da chamada prova de conceito, a qual consiste em obter um resultado prático que demonstre a viabilidade de uma idéia. Daqui para a frente, o limite parece ser apenas o tempo necessário para aperfeiçoar as tecnologias de reprodução a partir do eventual achado de DNA fóssil. Nem que seja necessário sintetizar artificialmente o DNA inteiro do bicho. Pode levar muito tempo, mas tecnicamente já é possível.

Por outro lado, nem todos gostam da idéia. Alguns acham que a desextinção desvia a atenção do ritmo acelerado da extinção de espécies, a qual em grande parte é por culpa de um animal predador, descuidado e egoísta...nós. Outros, mais comedidos, ponderam que a extinção de muitas espécies se deu pela deterioração do seu ambiente. Assim, para reintroduzi-las com sucesso seria necessário reconstruir o *habitat* adequado para sua sobrevivência. Pois, por incrível que pareça, há um projeto em andamento no nordeste da Sibéria onde, há mais de vinte e cinco anos, um cientista russo criou uma reserva de cento e cinquenta quilômetros quadrados, na qual vem paulatinamente introduzindo herbívoros e reconstituindo a vegetação das estepes da Idade do Gelo, em busca de um ambiente onde, eventualmente, possam viver os mamutes desextintos.

Acho prudente encerrar por aqui para evitar polêmica sobre a idéia – que não é minha, saibam todos - de desextinguir o homem de Neanderthal. No entanto, quem achava que Michael Crichton delirava não perde por esperar. Admito que aqui no Brasil nenhum mamute resistiria ao calor, mas se o prezado leitor for ao Canadá, à Escandinávia ou à Sibéria, convém levar um spray de pimenta anti-mamute, porque nunca se sabe quando um deles pode escapar da ilha onde o intrépido personagem fictício *John Hammond*, a esta altura, já pode ter clonado pelo menos um.

Uma calcinha

Há alguns anos, uma pesquisadora da Universidade de Innsbruck descobriu, em meio a outros itens de vestuário emparedados no segundo andar de um castelo no Tirol, uma calcinha que veio a ser datada de 1480. Diz-se que a datação foi objeto de feroz polêmica, que só foi resolvida com o emprego de alta tecnologia. E não se sabe como o mais antigo exemplar daquele apetrecho de moda íntima feminina foi parar onde parou. Então, na falta de coisa melhor aqui vai nossa teoria, propositalmente delirante porém baseada em fatos históricos reais, sobre os eventos que culminaram no insólito achado.

Maximiliano, da casa de Habsburgo, era filho de Frederico, que foi quinto, quarto e terceiro, nesta ordem. Acreditem. Fred, como era conhecido na intimidade da alcova por sua esposa Eleonora, foi Duque da Áustria como Frederico V, depois Rei da Alemanha como Frederico IV e, finalmente, Imperador Sagrado de Roma como Frederico III. Houvesse mais outras tantas conquistas políticas do astuto arquiduque, ele acabaria conhecido como o único Frederico que zerou de tanto prestígio.

O filho de Frederico e Eleonora casou-se com Maria de Burgundy, herdeira de boa parte do que hoje é a França que, com isso, assegurou mais terras para os Habsburgo, bem como excelentes vinhos. O jovem, com apenas dezoito anos, rapidamente providenciou que a sua também novinha esposa desse a luz a Felipe de Habsburgo, apelidado o Belo, tomando de empréstimo o epíteto inaugurado, dois séculos antes, por um rei de França muito mais importante.

Mas tudo isto está nos livros. Ou na Wikipedia. O que não está me foi confidenciado por um arqueólogo que, ao fazer escavações ilícitas em Jacarepaguá, um bucólico bairro do Rio de Janeiro, descobriu uma bolsa de veludo devorê contendo documentos históricos do século XV, confirmados como legítimos e devidamente autenticados por um especialista em História Medieval cujo diploma tinha sido revalidado, com certo açodamento, através de um suspeitíssimo acordo internacional.

O que se depreendeu do cuidadoso estudo daqueles documentos é que o trêfego Maximiliano era da pá virada e fazia o diabo pelas quebradas do arquiducado austríaco. Max, como era conhecido pelos íntimos, mesmo depois de casado continuou a dar suas escapulidas pelas redondezas e amealhou um séquito de, digamos, súditas de cama e mesa espalhadas pelos domínios de sua família. Entre elas, uma saltitante tirolesa que fazia o que desse na telha do rapaz. A dama, no entanto, era casada com um conde, que administrava o castelo de Lengberg a mando do Arcebispado de Salzburgo, o qual por sua vez detinha a propriedade do dito castelo. Meio complicado, né? Pois o intrépido Max não achava nada confuso e, de vez em quando, vestia uma bermudinha verde com suspensórios, botava um chapeuzinho com uma fita vermelha e partia para inspecionar o Tirol, que era sua senha para arquiducar a condessa.

Numa dessas, Max e a dama estavam em plena atividade

quando, subitamente, o conde retornou de viagem acompanhado do arcebispo para um jantar de negócios no castelo. O arquiduque conseguiu se recompor a tempo de fingir que acabara de chegar para uma visita protocolar. Por sua vez, a condessa se atrapalhou com a roupalhada da época e mal teve tempo de se vestir. A festejada calcinha, último item a voar pelos ares no limiar da inspeção arquiducal, tinha ficado presa num candelabro, longe do alcance da dona e, assim, foi impossível recolocá-la no lugar de praxe. Porém, Max saltou acrobaticamente, agarrou a delicada peça de roupa íntima e atirou-a no monte de areia que, providencialmente, jazia a um canto, pronto para ser usado na reforma do castelo a partir do dia seguinte. Misturou tudo com a ponta do sapato e, ato contínuo, os amantes assomaram ao salão com ar solene, mesuras e explicações muito pouco convincentes.

Apesar do seu inusitado aparecimento, o jovem Max já tinha autoridade suficiente para calar o conde e intimidar o arcebispo. Ao fim e ao cabo, os quatro jantaram fartamente, celebraram com um bom vinho de Borgonha a visita do arquiduque, discutiram negócios e partiram, cada um para seu lado. O conde bem que procurou, mas não achou indícios comprometedores e, no dia seguinte, a reforma do castelo prosseguiu como planejado, resultando no emparedamento da preciosa calcinha. Enquanto isso, Max, já no conforto do lar, anotava a rocambolesca aventura em um diário que, quem diria, acabou em Jacarepaguá.

Se não foi assim, como aconteceu?

Zoilos! Tremei!

"Zoilos! Tremei! - Posteridade! És minha." Peter Higgs, o cientista britânico que previu a existência do que alguns insistem em chamar de "partícula de Deus", talvez estivesse a murmurar este verso do poeta Manuel Bocage, em 4 de julho de 2012. Naquela manhã ele assistiu, na sede da Organização Européia de Pesquisa Nuclear (CERN), em Genebra, à apresentação de fortes indícios experimentais da existência do "boson de Higgs", a partícula elementar prevista por um conceito de Física formulado por ele meio século antes.

É importante frisar que, embora Higgs detenha o nome da partícula, outros físicos foram igualmente importantes para elaborar este conceito. Por outro lado, os novos indícios, embora espetaculares, ainda não são a prova definitiva da existência da tão aguardada partícula. Os cientistas deixam isto bem claro em suas conferências e entrevistas, o que não impede boa parte da imprensa e dos aficcionados darem por encerrada, festivamente, a busca pelo último elo que faltava para explicar tudo.

Mas não é de Física que esta crônica trata. E sim, de reconhecimento e de redenção. Quando, em 1964, Peter Higgs tentou publicar a formulação avançada de sua teoria, o trabalho foi rejeitado pela revista científica da CERN. A explicação não podia ser mais incisiva: os editores comunicaram ao autor, literalmente, que o estudo não tinha relevância para a Física! Higgs não desistiu e acabou conseguindo publicar o trabalho em outra revista conceituada.

Apesar da dificuldade inicial, muitos cientistas da área consideram que a teoria de Higgs era a melhor forma de explicar porque partículas elementares e, por extensão, átomos e tudo que deles é formado (nós, por exemplo), tem massa. Mas, por quase 50 anos, físicos de toda parte do mundo vinham, sem sucesso, procurando provas concretas. Agora há a expectativa de que, enfim, o "boson de Higgs" tenha sido encontrado. E, ironicamente, por esforços da mesma CERN que rejeitou o trabalho original há cinquenta anos.

Vejam bem: é altamente provável, mas ainda não é certo, coisa que demandará mais trabalho no futuro. Seja como for, Peter Higgs já foi, ao longo de décadas, reconhecido, festejado e, finalmente, laureado com o Prêmio Nobel. Recebeu também rasgados elogios de, entre muitos outros, ninguém menos do que o famosíssimo Stephen Hawking. Aliás, este último, considerado um dos maiores físicos teóricos vivos, tinha há tempos perdido cem dólares para outro cientista, ao apostar que o boson de Higgs jamais seria encontrado.

Mas há quem tenha amargado coisa pior ao abalar convicções arraigadas, como foi o caso do engenheiro israelense Dan Shechtman. Esse, no início da década de 80, ousou publicar, com grande esforço e depois de sucessivas rejeições, sua descoberta de estruturas organizadas de uma forma não perfeitamente simétrica, que chamou de "quase-cristais". Tratava-se de uma novidade que mudava conceitos sobre a natureza da matéria e, por isso mesmo, foi recebida com ceticismo por muitos cientistas. Mas isso ainda é pouco. Dan, que tinha pouco mais de 40 anos na época, teve de aturar insultos de ninguém menos do que Linus Pauling, um cientista que ganhou não apenas uma, mas duas vezes o Prêmio Nobel - de Química e da Paz. Pauling teria dito que "não há quase-cristais, apenas quase-cientistas"! E o israelense chegou a ser dispensado da equipe de pesquisa à qual pertencia, por seu chefe que lhe disse para "voltar a ler os livros" e outras que tais.

E o que aconteceu com Dan? Resistiu aos insultos, acreditou na sua Ciência, continuou na carreira e, no dia 10 de dezembro de 2011, recebeu da Real Academia Sueca o Prêmio Nobel de Química...literalmente pela descoberta dos quase-cristais. Nada como um dia depois do outro, né? Não me surpreenderia que, parodiando Bocage, o laureado Dan Shechtman tenha murmurado na cerimônia de entrega do prêmio em Estocolmo: "Linus! Tremei na tumba! – Posteridade! És minha também.

Nicolau e o umbigo

Em 2013 o *Google* celebrou, com um desenho na página de abertura, os quinhentos e quarenta anos do nascimento de Mikolaj Kopernik ou Nicolau Copérnico – na grafia em língua portuguesa - que foi, acreditem, matemático, jurista, médico, artista, poeta, diplomata e economista. Falava e escrevia em cinco línguas. Viveu setenta anos, já em si um feito para sua época. E, ao contrário deste humilde amador que, confortavelmente instalado no telhado, mete-se a dar palpite torto sobre tudo e qualquer coisa, ele de fato conhecia todos aqueles assuntos. Era o que se costuma chamar de polímata, ou de "homem do Renascimento". Mas, na boca do povo, ficou famoso como astrônomo.

O cidadão era da pá virada. Apesar de forte ligação com o clero, Nicolau cismou que havia algo errado com a visão prevalente na época, de que a Terra era o centro do Universo e tudo o que se via no céu girava em torno dela. Essa idéia, proveniente de Aristóteles e Ptolomeu, entre outros, era ponto pacífico para a Igreja Católica. Copérnico escapou de um auto da fé porque se manteve a uma distância prudente da Península Ibérica e, por trinta anos, relutou em expor para mais do que meia dúzia de amigos sua convicção de que o centro do Universo era o Sol. Apenas no ano de sua morte, um de seus ex-alunos levou a público o livro *De revolutionibus orbium coelestium* (Sobre as revoluções das esferas celestes), no qual o mestre explicava sua tese. Uma espertíssima dedicatória ao papa Julio III livrou a cara do discípulo e a obra chegou a ser reproduzida em cerca de quinhentos exemplares, outro feito para a época.

Eventualmente e, entre outras coisas, à custa da impiedosa perseguição do Santo Ofício a Galileu Galilei, a idéia de que a Terra é o centro do Universo (geocentrismo) foi abandonada. O heliocentrismo – do grego *helios* para "sol" – foi, com o tempo, também revisto e reduzido à demonstração, por métodos científicos rigorosos, de que a Terra e outros planetas de fato giram em torno do Sol. Porém, nosso astro-rei é apenas uma das estrelas da Via Láctea, a qual é uma das centenas de bilhões de galáxias do Universo; e mais, só a Via Láctea já contém centenas de bilhões de estrelas. Ou seja, o Sol é tão somente o centro de um conjuntinho muito mixuruca de corpos celestes, uma coisinha à toa perante a vastidão do cosmo.

Neste exato momento a estimada leitora, ansiosa, pergunta "Mas, afinal, o que está no centro do Universo?". É aí que a porca torce o rabo. A astrofísica moderna tem uma resposta desconcertante: não existe um centro. E a explicação para isso é baseada na demonstração feita em meados da década de 1920, pelo cosmólogo Edwin Hubble, de que todas as galáxias se afastam umas das outras de forma compatível com a contínua expansão do Universo. Esta observação é um dos pilares da hipótese do *Big Bang* e implica que não é possível determinar um centro fixo para o Universo. Com isso, descem pelo ralo tanto o geocentrismo quanto o heliocentrismo. Se o leitor tiver curiosidade, há um filminho simpático feito pelo *Jet Propulsion Laboratory*, no qual o cientista

Varoujan Gorjian ilustra a expansão cósmica de forma bem simples. Está lá, na página do JPL na Internet.

Porém, se há uma lei universal que atropela todas as outras é que a porca pode torcer o rabo para um lado ou para o outro, né? Pois, nesses tempos em que tudo é acessível ao toque dos dedos, muita gente vem repetindo a mesma pergunta sobre o centro do Universo a qualquer interlocutor que porventura esteja ligado na Internet. Então, vez por outra aparece uma resposta como "o centro é a Terra porque, visto daqui, parece que todos os corpos celestes estão se afastando de nós...". Um astrofísico diria que, de fato, em qualquer ponto de observação *parece* que apenas o resto do Universo está se afastando; mas, na verdade, o ponto de observação está igualmente se afastando dos demais e não está mais onde estava no instante anterior, porque o que está se expandindo não são os objetos e sim o espaço propriamente dito! Complicou? Veja o filme do Doutor Gorjian, ele explica direitinho.

Seja como for, os inúmeros astrofísicos que acompanham fielmente a obra deste cronista manifestariam, se quisessem, divergências quanto às teorias prevalentes no seu campo de pesquisa. E bastaria um deles se irritar para demonstrar cabalmente que o abaixo-assinado tem um entendimento ínfimo desta coisa toda. Antes que aconteça, chegou a hora de partir para a segunda metade do título desta crônica, se é que os caríssimos leitores ainda ligam para isso. Não porque ao falar do Universo qualquer coisa pode ser *ipso facto* incluída. E sim porque, frequentemente, as coisas percebidas de um determinado ponto de vista parecem diferentes do que realmente são.

Pois vejam que, ao pensar na extraordinária contribuição do cientista polonês, fui assaltado por visões, lembranças e presságios protagonizados pelos mais variados indivíduos para quem tudo na vida gira, perenemente, em torno de cada um deles. São homens e mulheres de todas as idades, profissões e credos, os quais acreditam fervorosamente que tudo que existe foi por eles criado, ou lá está para servi-los; que todos os outros lhes devem atenção ou admiração, ou ambas; que todas as coisas lhes pertencem, ou lhes são devidas; que suas opiniões são sempre as corretas; ou ainda outras interpretações do seu entorno pra lá de egocêntricas. Esses indivíduos revivem a ilusão de que o Universo é só aquilo que enxergam a olho nu, ou que simplesmente querem ver.

Há que compreendê-los, pois até mesmo grandes gênios da humanidade, como o próprio Nicolau, também acharam em algum momento que o todo é apenas aquilo que seus olhos viam. Pode-se perdoá-los, pois a cosmologia admite que, de um único ponto de vista, qualquer um pode facilmente se enganar quanto à posição ou o movimento das coisas. Mas, convenhamos, é muito chato conviver com gente pretensiosa, incapaz de admitir que, assim como o Universo da Astrofísica, mesmo o modesto universozinho de cada um, definitivamente, não gira em torno do seu próprio umbigo.

Vozes de outrora

A voz humana é um instrumento extraordinário de comunicação. E não apenas por transmitir a linguagem. Sabemos todos que o mesmo texto dito por duas pessoas, ou por um único indivíduo com entonações distintas, pode ser interpretado de modo diverso ou até antagônico.

O significado e o efeito de uma frase dependem da voz humana, tanto no que se refere à anatomia das vias aéreas, cordas vocais e outros componentes do aparelho fonador (ou vocal), quanto à intenção, humor, envolvimento e saúde física e mental de quem articula as palavras e nelas incute tons e emoções pessoais e íntimos. No entanto, a ênfase na palavra escrita como veículo da linguagem, que resultou da expansão da literatura e da alfabetização na maior parte do mundo, parece ter diminuido o reconhecimento do valor da voz humana como fator crucial na comunicação nas línguas ocidentais.

Este é o tema de um livro da jornalista e escritora inglesa Anne Karpf, intitulado *The human voice: The story of a remarkable talent* (A voz humana: história de um talento notável). Infelizmente não encontrei indícios de tradução do livro para a língua portuguesa. Mas, trata-se de uma espécie de manifesto a favor de maior valorização dos aspectos vocais da comunicação verbal. Ou seja, mais atenção à infinidade de nuances que a voz de quem fala acrescenta ao que está sendo dito, muitas vezes independente das próprias palavras.

Há, é claro, quem valorize a voz acima de todas as coisas. Por exemplo, assim como jogadores de futebol fazem seguro das pernas, algumas beldades tropicais o fazem das respectivas nádegas e o vocalista da banda *Kiss* fez da própria língua, certos cantores fazem seguro de suas vozes. Chegou-se ao ponto de um novato americano, revelado num desses programas modernos de calouros que não tem nem a metade da graça com que Ary Barroso costumava espinafrar os desafinados, ter conseguido segurar sua voz no valor de cerca de cinquenta milhões de dólares, quase dez vezes mais do que astros consagrados como Rod Stewart ou Bruce Springsteen. Já os fonoaudiólogos comemoram anualmente o Dia Mundial da Voz, destinado a alertar a população sobre os cuidados necessários para preservá-la. Ainda assim, Anne Karpf chama atenção de que, em geral, a voz humana é relegada a um plano secundário quando se discute a linguagem, a ponto de faltar até uma classificação consensual de tipos distintos de voz.

E lá vem de novo aquele impaciente e iracundo leitor, a indagar por que está perdendo tempo lendo isso. Porque foi noticiado que o jornalista e museólogo Luiz Ernesto Kawall doou para o Instituto de Estudos Brasileiros da Universidade de São Paulo sua coleção de gravações de discursos, entrevistas, debates e interpretações de personalidades da História, da Política, da Ciência e das Artes, entre outros. Kawall foi um dos fundadores do Museu da Imagem e do Som de São Paulo e seu acervo contém milhares de registros de vozes humanas, além de cantos de pássaros e efeitos sonoros. O conjunto inclui raridades como gravações de Santos Dumont, Ruy Barbosa e outros, inclusive a canção "Luar do Sertão" interpretada por ninguém menos do que Marlene Dietrich! Este material compunha um Museu da Voz, que o jornalista manteve, por muitos anos, aberto ao público em sua própria residência. Aos 83 anos de idade, Kawall resolveu doar tudo para a USP, de modo a preservar e organizar o acervo para que seja digitalizado e colocado à disposição de um público mais amplo.

Não que meus estimados leitores se interessem pelo que este humilde cronista acha ou deixa de achar, mas a idéia de ouvir discursos, idéias ou músicas antigas na voz de quem as criou me parece muito mais fascinante do que as múltiplas reproduções e interpretações que outros dão às criações do gênio humano. Poemas de Manuel Bandeira na voz do próprio soam mais autênticos do que até mesmo na interpretação de um grande ator, como o falecido Paulo Autran. E as descobertas de um cientista, quando apresentadas pelo próprio, sempre soam diferentes e, em geral, mais vibrantes do que descrições secundárias explicadas por outros.

Imaginem, então, se achassem por aí alguma gravação de Machado de Assis lendo as Memórias Póstumas de Brás Cubas, ou Flaubert descrevendo o adultério de Madame Bovary, ou ainda Shakespeare explicando ao vivo, para um ator de sua época, uma das cenas de Hamlet? Eu entraria na fila e pagaria ingresso para ouvir.

Umberto e o erro

O Umberto aí de cima é o escritor, linguista e filósofo italiano Umberto Eco. Entre muitas outras coisas, ele escreveu – vejam vocês - que "um título deve confundir as idéias e não orientá-las", ao comentar a escolha de "O nome da rosa" para denominar seu imperdível livro de 1980, que se tornou um sucesso mundial. Então, se os leitores estão atrapalhados a culpa não é minha. Peço-vos apenas que confiem neste vosso criado. Se tudo correr bem, um tronco unirá os pés à cabeça.

A riquíssima narrativa do romance "O nome da rosa" gira em torno de crimes misteriosos, relacionados à guarda de livros de acesso proibido numa abadia na Itália do século XIV. Como pano de fundo, Eco explora o conflito entre o universal e o particular que, na Filosofia, suscita intenso debate sobre o real significado dos nomes das coisas. Neste contexto o autor acrescentou, como justificativa do título, o argumento de que "a rosa é uma figura simbólica, tão densa de significados ao ponto de já quase não ter mais nenhum". O romance tem ainda, ao final, a hipógrafe em Latim *"Stat rosa pristina nomine, nomina nuda tenemus"*, que se traduz mais ou menos como "a rosa de outrora permanece como nome, restam-nos meros nomes".

Pois não é que até mesmo um mestre do quilate de Umberto Eco escorrega ocasionalmente? Ironicamente, ao adotar no final de seu livro o texto *"Stat rosa pristina..."*, Eco reproduziu uma transcrição errônea de um poema do século XII chamado *De Contemptu Mundi* (Desprezo pelo Mundo), do monge Bernard de Cluny. O verso original era "*Stat Roma pristina nomine, nomina nuda tenemus*", referindo-se não à rosa, mas a Roma em um contexto irrefutável que trata explicitamente de personagens históricos romanos.

É claro que isso não tira nem um pouquinho do mérito do livro, nem do Umberto. Muito menos do título, concordo que a rosa cabe perfeitamente. Não, não sou daqueles que implica com gente famosa à toa. Muito pelo contrário. Se a senhora fizer o favor de me deixar continuar, verá que a crônica é elogiosa. Então, como eu ia dizendo antes de ser rudemente interrompido...

Esta historinha poderia ficar para sempre como mera ilustração de que mesmo mentes privilegiadas erram de vez em quando. Mas há algo melhor do que isso. O fato é que Umberto registrou publicamente o reconhecimento do engano em sua palestra da série das "Conferências Tanner sobre valores humanos", na Universidade de Cambridge em 1990. Em lugar de apresentar desculpas esfarrapadas, responsabilizar quem sabe um secretário ou assistente distraído, negar peremptoriamente um fato concreto, esconde-lo em meio a um turbilhão de outros assuntos ou, simplesmente, omitir-se na expectativa de que sua estatura dissolvesse o desagradável tropeço na magnitude de sua obra, Eco reconheceu o erro. Eu quase escrevi "humildemente", mas não tenho a menor idéia da humildade ou arrogância que caracterizava o comportamento habitual daquele escritor.

E não importa. Assumir a responsabilidade e as consequências do próprio erro. Aí está, talvez, o ato supremo de grandeza intelectual.

Um cientista no telhado

www.ingramcontent.com/pod-product-compliance
Lightning Source LLC
Chambersburg PA
CBHW070647220526
45466CB00001B/336